冰火之歌

——揭开可燃冰的神秘面纱

陈 强 李彦龙 林 琦 著

山东·青岛

图书在版编目(CIP)数据

冰火之歌:掀开可燃冰的神秘面纱 / 陈强,李彦龙,林琦著.-- 青岛:中国石油大学出版社,2020.11

ISBN 978-7-5636-6834-2

Ⅰ.①冰… Ⅱ.①陈… ②李… ③林… Ⅲ.①天然气水合物—普及读物 Ⅳ.① P618.13-49

中国版本图书馆 CIP 数据核字(2020)第 139857 号

书　　名:冰火之歌——掀开可燃冰的神秘面纱
BING HUO ZHI GE —— XIANKAI KERANBING DE SHENMI MIANSHA

著　　者:陈　强　李彦龙　林　琦

责任编辑:张　杰(电话　0532-86981530)

封面设计:乐道视觉

出 版 者:中国石油大学出版社
(地址:山东省青岛市黄岛区长江西路 66 号　邮编:266580)

网　　址:http://cbs.upc.edu.cn

电子邮箱:jichujiaoyu0532@163.com

排 版 者:青岛乐道视觉创意设计有限公司

印 刷 者:青岛北琪精密制造有限公司

发 行 者:中国石油大学出版社(电话　0532-86983437)

开　　本:710 mm × 1 000 mm　1/16

印　　张:8.5

字　　数:120 千字

版 印 次:2020 年 11 月第 1 版　2020 年 11 月第 1 次印刷

书　　号:ISBN 978-7-5636-6834-2

定　　价:48.00 元

作者简介

陈强在参加美国地球物理学会秋季会议

姓名：陈强

性别：男

出生年月：1980年6月

职称：正高级工程师

学历：博士

研究方向：可燃冰

简介：

陈强，毕业于中国海洋大学海洋地球化学专业，现任青岛海洋地质研究所正高级工程师，青岛海洋科学与技术试点国家实验室海洋矿产资源评价与探测技术功能实验室固定成员，青岛地质学会会员，主要从事海洋天然气水合物资源勘查与试采方面的基础理论研究与实验技术研发。2016年作为我国海域首次水合物试采实施项目负责人之一，被中国地质调查局授予“试采工作先进个人”称号。近5年主持国家自然科学基金、国家专项项目等5项，发表论文60余篇，参与撰写专著4部，获国家专利70余项。

E-mail：chenqiang_hds@126.com

姓名：李彦龙

性别：男

出生年月：1989 年 5 月

职称：助理研究员

学历：硕士

研究方向：可燃冰

李彦龙在首次海域天然气水合物试采平台

简介：

李彦龙，2015 年毕业于中国石油大学（华东），现任青岛海洋地质研究所助理研究员，青岛海洋科学与技术试点国家实验室海洋矿产资源评价与探测技术功能实验室固定成员，首次海域天然气水合物试采团队核心成员，《天然气工业》期刊青年编委。中国地质学会、中国岩石力学与工程学会会员。主要从事海域天然气水合物开采出砂管控及工程地质参数评价方面的研究工作，主持国家自然科学基金面上项目、青年基金、127 专项子项目等 5 项，先后发表学术论文 40 余篇（其中第一作者、通讯作者 20 篇），专著 1 部（合著），获得国际专利 3 项，国家专利 30 项（第一发明人 16 项），曾获评首次海域天然气水合物试采工作先进个人，2018 年入选中国地质调查局“杰出地质人才”。

E-mail：ylli@qnlm.ac

姓名：林琦

性别：女

出生年月：1991 年 12 月

学历：硕士

研究方向：海洋地球物理

林琦参加学术会议

简介：

林琦，2017 年硕士毕业于中国海洋大学地球探测与信息技术专业，现任青岛海洋地质研究所科学技术处科研主管，青岛海洋科学与技术试点国家实验室海洋矿产资源评价与探测技术功能实验室固定成员，主要从事海洋地质调查科研项目管理工作，具有丰富的海洋地质科普讲解经验。

E-mail：linqiqd@163.com

序

习近平总书记在2016年召开的“科技三会”上强调:“科技创新、科学普及是实现创新发展的两翼,要把科学普及放在与科技创新同等重要的位置”。2020年4月29日,科技部办公厅等六部门联合印发《新形势下加强基础研究若干重点举措》的通知,明确提出“将科学普及作为基础研究项目考核的必要条件”。习近平总书记的讲话和六部委的通知为科技工作者开展科普活动提供了理论支撑,也提出了明确要求。

可燃冰是天然气水合物的俗称,目前全球可燃冰研究的焦点主要涵盖能源、气候、地质灾害、化工应用等方面。1965年,苏联科学家Makogon等对永久冻土带和深海可燃冰的报道,掀起了全球可燃冰能源研究的热潮。目前全球公认的可燃冰碳含量为10^{14} ~ 10^{15}立方米,是目前已知的石油天然气总量的2倍多,因此可燃冰能源勘探开发成为近年来国际天然气水合物研究的热点和重点。

青岛海洋地质研究所天然气水合物研究团队负责建设自然资源部天然气水合物重点实验室，以天然气水合物能源研究为己任，经过二十余年的发展，目前已经成为国内著名、国际知名的天然气水合物能源研究团队。二十余年来，在我国可燃冰勘探、开发事业中做出了应有贡献，特别是在水合物宏微观测试技术、开采理论基础研究、重点海域水合物资源调查、“一带一路”沿线国家可燃冰资源调查方面取得了重要进展，为保障我国天然气水合物能源研究的国际领先地位尽了绵薄之力。

欣闻《冰火之歌——掀开可燃冰的神秘面纱》一书即将付梓，该书是青岛海洋地质研究所天然气水合物开采理论与技术研究团队科技工作者的结晶，是团队践行“科技创新、科学普及是实现创新发展的两翼”的具体实践之一。全书将可燃冰研究的基本知识点通过八个相对完整的故事片段汇集起来，较为全面地展示了可燃冰研究的发现历程、微观结构特征、赋存特点、找矿技术、开发技术、环境地质灾害等。本书生动有趣，并融合了团队目前的最新科研成果，是一本集知识性和趣味性为一体的科普读物。

本书可作为中小学生、大学生科普课外读物，也为刚开始从事海洋可燃冰能源研究者快速了解可燃冰研究现状提供了窗口。

吴能友

研究员　博士生导师

中国地质调查局青岛海洋地质研究所　所长

2020 年 8 月

前言

QIAN YAN

浩瀚星空，茫茫大海，都是人类探索的目标。从浩瀚的太空回望，地球母亲是一颗蓝色弹珠，70%以上均被海水覆盖，这湛蓝的海水之下究竟隐藏了何物？东方传说认为海底遍布精美龙宫，里面住着四海龙王和虾兵蟹将，西方神话则认为住着海神波塞冬。无论是龙王还是波塞冬，都为海底世界注入了神秘色彩，千百年来一直吸引着人类。

这其中，便有本书的主角——可燃冰。

昔《韩非子·显学》有言："夫冰炭不同器而久，寒暑不兼时而至。杂反之学不两立而治。"然，韩非子不知，冰可生火，此可燃冰是也。全球可燃冰能源研究发端于20世纪60年代，而我国的可燃冰能源研究则始于21世纪初（以原地矿部天然气水合物调查国家专项的立项为起点）。可燃冰事业的发展是人类不断探索自然、利用自然的结果。特别是2017年我国首次海域可燃冰试采成功，证明赋存于深海泥质粉砂储层中的可燃冰具有技术可采性，一举打破了国际常规认识，实现了我国可燃冰能源研究由跟跑到领跑的跨越，同年我国将可燃冰列为第173个矿种。"隆隆的炮声"将可燃冰送入公众视野，从地学研究界扩展到社会的方方面面，吸引了社会各界的广泛关注。2020年，我国再次在南海实现全球首次基于水平井工艺的海域可燃冰试采，获得了该领域的重大突破，极大地鼓舞了国内可燃冰研究者的信心。

然而，可燃冰究竟为何物？可燃冰到底是不是传说中的"超级能量块"？可燃冰到底是不是"潘多拉魔盒"？可燃冰能否担起改变我国能源结构的重任？

对公众而言，仍似雾里看花、水中望月，特别是有极少部分自媒体断章取义、道听途说，给公众造成了很大的困惑。为了向公众传达正确的、正面的可燃冰研究现状，自然资源部天然气水合物重点实验室团队于2018年出版了国内首部可燃冰科普专著《揭秘可燃冰——可燃冰知识100问》，以自问自答的方式向公众阐释了可燃冰研究中最常见的一些知识点。这部可燃冰科普专著的出版引起了社会的广泛关注，获得“十三五”国家重点出版物出版项目资助，获得2019年自然资源优秀科普图书奖，并入选教育部全国中小学生图书馆馆配目录。

这说明可燃冰知识已经引起了社会的广泛关注，可燃冰科学普及工作势在必行，对可燃冰科普读物的需求也在不断增长，《揭秘可燃冰——可燃冰知识100问》一书涉及大量的专业词汇和专业术语，对可燃冰基础知识的讲述多以知识传授的模式展开，对于物理、化学知识储备齐全的大学生尚可，但对于中小学生而言，仍然存在阅读瓶颈，并列的知识点罗列，在科普趣味性方面略显欠缺，难以打开中小学生的心扉。于是，我们萌生了出版《揭秘可燃冰——可燃冰知识100问》姊妹篇的想法。

是，为本书缘起。

本书以打比方、作对比、讲故事为主要手段，将可燃冰科学知识做进一步的通俗化处理与整合，增加全书的趣味性。并在“讲故事”的过程中以知识点解读的模式融入严谨的科学定义，向读者阐释可燃冰研究中最常用的一些基本术语和专业名词。同时，结合卡通画思维引导的模式，引导小读者自主思考问题，将学术性与趣味性结合。本书是对《揭秘可燃冰——可燃冰知识100问》的进一步拓展，同时又是一本全新的、独立的科普专著。

全书共分为8章，涵盖可燃冰的发现历程、微观结构特征、在深海环境中的赋存特点、找矿技术、开发技术、环境地质灾害等方面，试图向读者展示较为全面的可燃冰基本知识。本书分别用公众耳熟能详的八个成语或俗语作为每一章节内容的概括，作者希望通过这样的方式，推动可燃冰科普对象年龄结构的

"年轻化",使中小学生从小萌生对科学探索的兴趣,树立科学家精神,长大后自觉投身到海洋强国建设的队伍中来。

第一章　神冰初现,主要讲述可燃冰的发现、发展的来龙去脉,特别融入可燃冰事业发展中的一些典型事件,让读者从宏观上对可燃冰研究有一个初步的了解,理解可燃冰作为一种非常规能源在未来能源格局中可能占据的重要地位。

第二章　见微知著,透过细节看宏观,探讨可燃冰的微观结构特征及其能够稳定存在的根本原因,从可燃冰优良的基因特点讲述其作为低碳清洁能源逐渐被人类重视的根本原因。

第三章　深海藏宝,聚焦于海洋可燃冰,从能源角度探讨可燃冰在深海环境中的生长、赋存规律的基础知识,引导读者了解海洋可燃冰储层的基本类型、基本物性特征,理解目前可燃冰研究的基本发展方向。

第四章　龙宫探宝,将寻找海洋可燃冰的过程与中医"望、闻、问、切"的诊疗手段进行类比,循序渐进,向读者展示海洋地质工作者"大海捞针"的故事,讲述海洋可燃冰调查的基本原理。

第五章　钻冰取火,从"窃火者"的角度,讲述从可燃冰地层中获取天然气资源的基本原理、新型开采技术的发展前景及目前全球可燃冰开发利用的基本情况,引出目前可燃冰开发的研究瓶颈,鼓励读者自主思考可能的可燃冰开发新方法。

第六章　采冰卫士,聚焦可燃冰开发过程中的最关键制约因素——地层出砂,讲述地层出砂对可燃冰开发的危害,厘清控砂装备的优缺点及其在海洋可燃冰开发中的应用情况。

第七章　多事之冰,直面目前海洋可燃冰研究的环境地质灾害问题,用一个个与可燃冰有关的"大事件",将可燃冰的负面影响串联起来,引导小读者学会换位思考,从正反两方面理解海洋可燃冰对人类发展的利与弊。

第八章　海地医生，讲述了室内基础实验模拟研究对海洋可燃冰发展的重要作用，重点介绍自然资源部天然气水合物重点实验室二十余年的发展历程和取得的成就，展现室内研究工作者二十年如一日的奉献精神，借此向读者传达科学家精神。

本书第一、五、七章由陈强撰写，第二、三、四、六章由李彦龙撰写，第八章由林琦编写，全书由陈强、李彦龙共同完成统稿。

青岛海洋地质研究所吴能友研究员、刘昌岭研究员对全书进行了仔细审读并提出了宝贵的修改建议，孙建业高级工程师、胡高伟研究员、万义钊助理研究员、黄丽助理研究员对本书部分内容的编排提出了有益的建议；青岛海洋科学与技术试点国家实验室公共关系部和青岛海洋地质研究所科学技术处对团队科普工作提供了长期支持，并在“国际海洋科普联盟”框架内为团队的科普工作提供了直接帮助，在此一并表示感谢。

本科普图书的创作和编撰过程受到国家自然科学基金项目“南海神狐海域水合物储层静力触探响应特征及其主控因素研究”（No：41976074）、国家自然科学基金青年基金“降压法开采水合物过程中储层动态出砂临界压差预测研究”（No：41606078）、国家海洋地质调查专项所属二级项目“海域天然气水合物试采体系更新与新技术应用”（DD20190231）、山东省泰山学者特聘专家项目（ts201712079）、国家重点研发计划“深海关键技术与装备”重点专项“水合物试采、环境监测及综合评价应用示范”（2017YFC0307600）等项目的联合支持，感谢中国地质调查局、国家自然科学基金委、山东省有关部门对本团队科普及科技工作的持续支持。

本书创作团队试图从多视角、多尺度向读者展示可燃冰的研究全貌，但由于本书内容广泛，涉及专业类型多，限于作者专业领域和创作水平，书中不当之处，在所难免，敬请广大读者批评指正。

作　者

2020年8月

目录
MU LU

3 深海藏宝 / 027

4 龙宫探宝 / 041

1　神冰初现

亿万年的孕育，只为一场美丽邂逅

钻冰取火、缘木求鱼，这两个成语都用来比喻做事完全找错了方向。我们想要生火，就该钻木，而不是钻冰；想要打鱼，就该下海，而不是爬树。当我们努力地去追求目标的时候，速度固然重要，但是比速度更重要的是方向。

在繁星璀璨的茫茫宇宙中，有一个孕育了生命的蓝色星体，她就是地球。地球诞生已经有46亿年的历史了，人类的出现却只有短短的600万年左右。如果将地球从起源到现在的全部历史看作一天的24小时，那么在23点58分，人类才逐渐登上历史舞台。对于整个地球发展史而言，人类的出现，仅仅只是一瞬间而已。地球用23小时58分钟的漫长准备，塑造了辽阔的海洋、生机盎然的森林、秀美壮丽的山峰、蜿蜒曲折的河流、广阔无垠的草原。岁月的车轮在地球上碾过，把地球变得富饶而神秘。而这种神秘感，为人类不断地去认识、去探索、去揭晓伟大的自然提供了不竭的动力。

哲学家帕斯卡尔说："人是有思想的芦苇。"从远古至今日，从茹毛饮血到田园农耕，人类探索的脚步从未停歇，科学技术的发展让人类对世界的认识发生翻天覆地的变化。曾经我

们以为“天圆地方”,现在我们知道“行星运转”;以前我们知道“钻木取火”,现在我们发现“钻冰也可取火”!是的,你没看错,确实有可以燃烧的冰,这就是本书的主角——可燃冰。

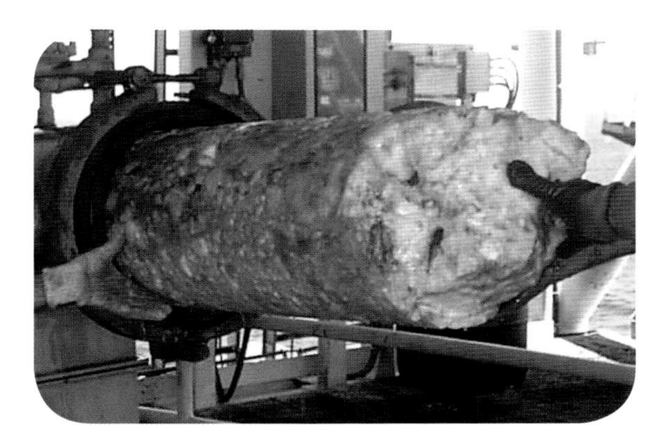

20世纪30年代,在寒冷的西伯利亚,有一条横贯东西的天然气输送大通道。有一天,工程人员发现油气管道莫名其妙地被堵住了,检修的时候发现,居然是一块块白色的“冰块”堵住了管道。瞧,就像这个图片里展示的一样。这些“冰块”融化时冒出缕缕白烟,工程人员想办法从管道中将冰取出,发现点火可燃!

什么?冰能生出火?这么说的人肯定是发疯了,但事实就是,确实存在这种可以燃烧的冰块!

好神奇!看来“钻冰也是可以取火的”,当然不是所有的“冰”都能燃烧,关键是能不能找到正确的“冰”!科学家将这种外观像冰、遇火燃烧的东西亲切地称为“可燃冰”,英文是“Combustible Ice”。

20世纪30年代,西伯利亚天然气管道里的可燃冰是人类第一次与可燃冰见面。那同学们第一次是怎么知道可燃冰的呢?我想应该是近年来我国发布的各种关于可燃冰的新闻报道吧!

近年来，可燃冰的大名频频被报道，受限于新闻报道的篇幅和报道人员的专业限制，不能将可燃冰的前生今世介绍清楚，使得社会公众雾里看花，似懂非懂。为什么别的冰是表里如一、冷若冰霜，但可燃冰内心却如此火热呢？普通冰块和可燃冰表现出如此巨大的差异，究竟是先天"基因"决定，还是后天环境造成？可燃冰为何如此重要，吸引了全世界的科学家开展研究……接下来，就请同学们带着这些问题，和我们一起掀开可燃冰的神秘面纱吧！

掀起你的盖头来，让我看看可燃冰的美

首先，咱们先来个“以貌取冰”。请看下面这幅图片：一张是普通的冰，一张是可燃冰，同学们能通过肉眼看出它们的区别吗？你们能描述一下所看到的可燃冰的外貌特征吗？洁白如雪、冰玉无暇……

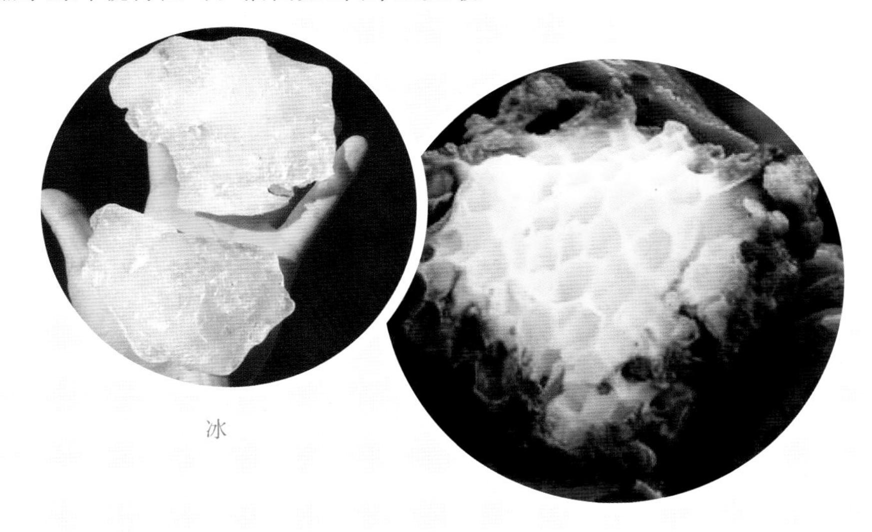

冰

可燃冰

俗话说：“龙生龙，凤生凤，老鼠的儿子会打洞。”如果仅从长相上来看，是不是很难分辨出哪个是可燃冰呢？如此看来，普通冰和可燃冰可能就是一对孪生兄弟。使它们长相如此一致的原因是它们含有共同的成分——水。

中华文化博大精深，描述冰的词汇数不胜数：冷若冰霜、冰清玉洁……这些与冰相关的成语，都展示着冰的孤傲与寒冷。

冰也是古诗词里的常客，“瀚海阑干百丈冰，愁云惨淡万里凝”，唐代诗人岑参以夸张的笔墨为我们勾勒出一幅瑰奇壮丽的荒漠雪景。“洛阳亲友如相问，一片冰心在玉壶”，唐代诗人王昌龄以晶莹透明的冰心玉壶自喻，表达了诗人纯粹、澄澈的品格。

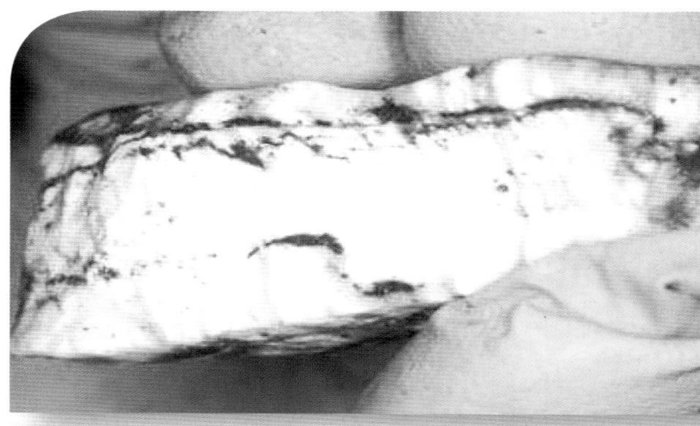

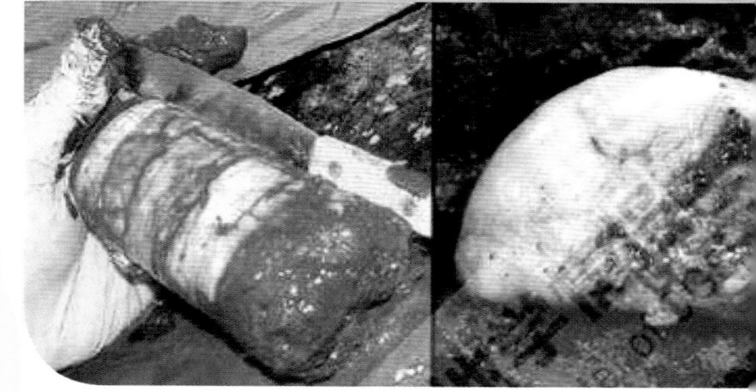

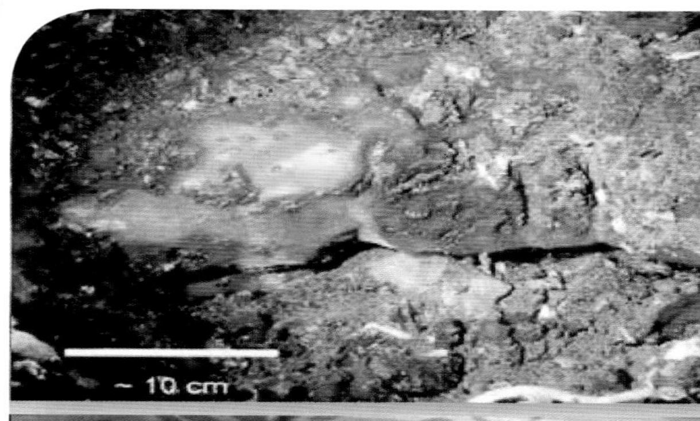

相比之下，可燃冰却少了这么多的歌颂者，或许是因为它深藏闺中，没有被那个诗意的年代发现吧！好在是金子总会发光，人类终于发现了这块包裹着火焰，充满魅力的神冰。

那么，所有的可燃冰都是白色的吗？答案是：不一定。俗话说："近朱者赤，近墨者黑。"可燃冰的肤色，很大一部分取决于周围的环境。纯净的可燃冰呈白色。如果可燃冰成长的地方，正好存在带颜色的矿物，那么它们会在可燃冰脸蛋上涂一层厚厚的彩妆，矿物的颜色决定了彩妆的颜色；如果可燃冰生长的环境中有特殊的气体，还可能使它沾上这特殊的味道呢。这样看来，想要做到"出淤泥而不染"，还是有难度的呀。如此说来，同学们想要健康成长，除了优良的先天因素，后天的成长环境也很重要哟。

那么，可燃冰到底是不是水

在燃烧呢？前面我们提到，普通冰和可燃冰成为孪生兄弟，是因为它们含有共同的成分——水。水是可燃冰的重要组成成分，但水并不能燃烧。所以，可燃冰拥有炫目的火焰外套一定另有玄机。答案就是：天然气！对的，就是我们家中做饭使用的天然气！只不过，可燃冰是一种以固态形式存在的天然气。如此说来，可燃冰与常规天然气有着千丝万缕的联系，可以被认为是常规天然气的孪生小弟啦。

好费解啊，天然气不都是气体吗？怎么又出现了一种固体形式存在的天然气呢？难道此"天然气"非彼"天然气"？非也非也，可燃冰中的固态天然气还是那个一日三餐离不开的天然气，此问题留作悬念，在后续章节（第2章、第3章）慢慢道来。

其实，科学家最初在西伯利亚天然气管道中发现这种固态天然气时也很困惑，所以给它起了一个特殊的名字：非常规天然气。这个名字很形象吧？不走寻常路，你就是非常规；但无论你如何非常规，本质上还是天然气。

进入能源家族，成为能源家族新成员

科学家们通过研究得出：标准状况下，1 立方米的可燃冰分解后，大约可以释放出 164 立方米的天然气，而且这些天然气的主要成分是甲烷，一种燃烧后不留残渣的清洁能源。你说它是不是很厉害呢？这个看起来漂漂亮亮、晶莹剔透的家伙，居然如此深藏不露，蕴含着巨大的能量，简直就是一个能量块！

知识点一

❶ 气体的体积与压力相关，标准状况是指 4 ℃、0.1 MPa 条件。

❷ 天然气（主要是甲烷）燃烧过程的化学反应式：$CH_4+2O_2=CO_2+2H_2O$（甲烷在空气中完全燃烧，生成二氧化碳和水）。

咦？好像哪里不对。不是说，可燃冰堵塞了寒冷地区的输气管道吗？那它应该是对生产造成不利影响的工程灾害，怎么摇身一变，成了能量块呢？

时间回到 1965 年，一名叫 Makogon 的科学家发表了一篇论文，预测地球上真的存在自然形成的可燃冰，且主要存在于陆地的永久冻土带和深海的海底浅层地层环境中。

这里要敲一下黑板，虽然人类第一次发现可燃冰是在输气管道中，但实际上自然界本身就存在很多很多可燃冰。这位科学家的预测，直接推动了全球可燃冰事业的发展！同学们，我们常说“星星之火，可以燎

原”。科学家团队的一个预测，可能会改变全球的能源结构。你们想不想成为一名“改变世界”的科学家呢？

紧跟 Makogon 的脚步，全世界的地质学家投入到了轰轰烈烈的寻找可燃冰的旅程，很多国家和国际组织纷纷投入大量的财力、物力，一场证明地球上是否存在自然形成的可燃冰的竞赛开始啦。

这场竞赛中还有一个意外的小插曲：20 世纪 70 年代，加拿大渔民在西海岸打鱼，渔网拖上来一块白色冰块，扔到甲板上还呼呼冒气，最后化成了一滩海水。相对于动辄藏身在海底一千多米水深的可燃冰来说，与渔民伯伯的这次意外相遇，真的是前世修来的缘分啊。

就这样，时间来到 20 世纪 80 年代，证明可燃冰存在的竞赛也达到了高潮，美国在布莱克海台、加拿大在麦肯锡三角洲分别取得重大发现。根据这些发现，当时的科学家们估算全球可燃冰所蕴含的天然气为 $10^{17} \sim 10^{18}$ 立方米量级。这可算是一个天文数字啊。

这一数据意味着什么呢？请大家来看看以下几组数据：据科学家初步统计，1980 年全球天然气产量为 1.428×10^{12} 立方米，而当年天然气消耗量约为

1.424×10^{12} 立方米。也就是说，如果能将全球的可燃冰开采出来，按照当年的全球天然气消耗量，可以供人类使用上万年呢！如此丰富的可燃冰资源量，简直不可思议！因此有足够的诱惑力吸引人类不断地去关心可燃冰、认识可燃冰、利用可燃冰。

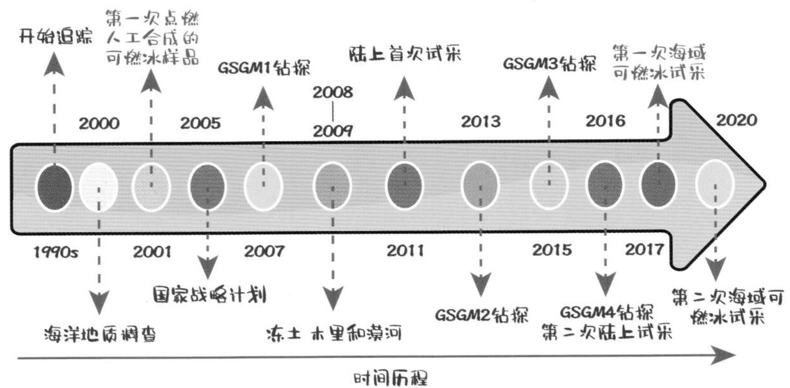

我国可燃冰研究的历程

然而，梦想是美好的，现实却是残酷的。随着可燃冰调查技术的进步，对全球可燃冰储量的预测结果也变得更加精准，目前认为全球可燃冰所蕴含的天然气总量约为 10^{15} 立方米，而人类对天然气的需求量也在不断攀升。根据 BP（英国石油公司）全球能源动态预测结果，2019 年全球常规天然气累计产量为 $3.989\,3\times10^{12}$ 立方米，而全球天然气消耗量则为 $3.929\,2\times10^{12}$ 立方米，假定人类

知识点二

化石能源的“量”根据其相态的不同而采用不同的表示方法，如固态的煤炭通常采用“吨”来表示其“量”，气态的天然气通常采用“立方米”来表示其“量”，液态的石油则通常采用“桶”或“吨”来表示其“量”。为了横向对比天然气和石油的量的大小，通常将天然气和石油的“量”根据两者的热值折算，称之为“油气当量”。1000 立方米天然气 =36 百万热值单位，1 吨原油 =40 百万热值单位，因此，1111 立方米天然气 =1 吨原油当量。

消耗天然气的年速率是恒定的，那么全球可燃冰蕴含的天然气储量比2019年全球天然气消耗量多两到三个数量级[①]。这是不是意味着，在当前的天然气消耗量情况下，如果将全球可燃冰全部开发应用于工业生产，可以供我们人类使用好几百年呢？

再回到中国自身来考虑：据科学家初步估计，仅我国南海地区，赋存的可燃冰资源量约为800亿吨油当量，即相当于大约 9.0×10^{13} 立方米天然气。而我国2019年天然气消耗量约为 3.337×10^{11} 立方米（含港澳台地区），仅为南海可燃冰所蕴含天然气总量的1/300。如果可燃冰能够完全开采应用，那对于改善我国能源结构、降低天然气对外依存度将有极大的促进作用。

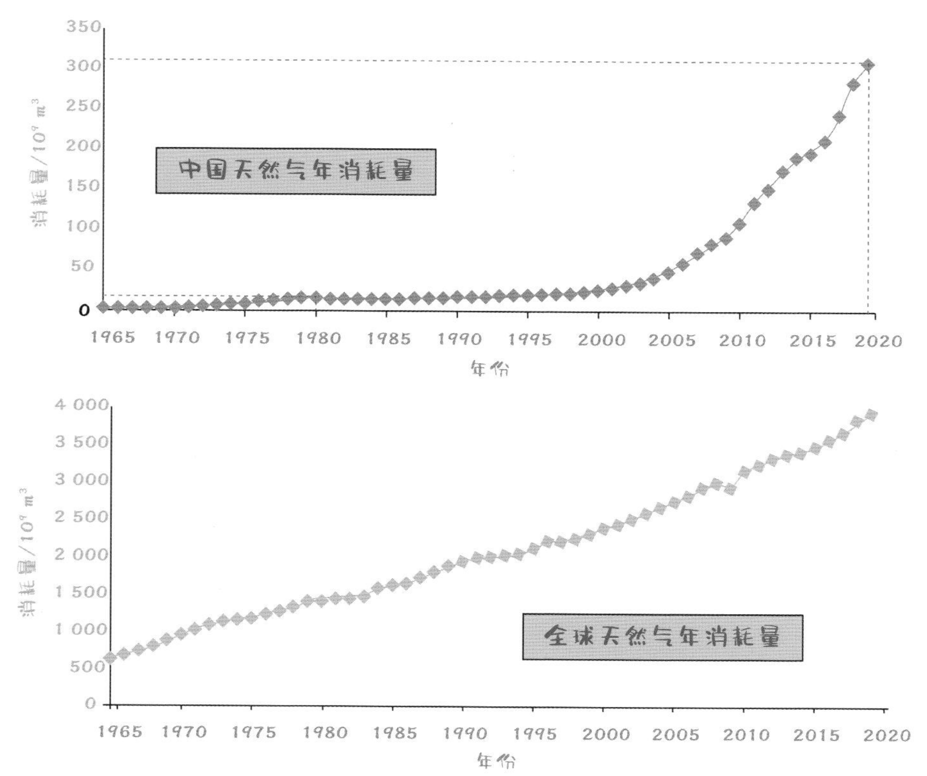

① 数据来源，BP. Statistical review of world energy, 69th edition[R]. London: BP, 2020.

可燃冰巨大的资源潜力逐渐公诸于世，吸引了全球更多的科学家和政府支持，特别是一些能源短缺国家的积极响应，进一步掀起了全球可燃冰资源量的“淘冰”热潮。全球可燃冰调查研究装备、技术、理论在这一阶段得到了空前的发展。

知识点三

据BP全球能源统计结果，截至2019年底，全球探明石油储量约为2.446×10^{11}吨，全球探明天然气储量约为1.99×10^{14}立方米。如果将石油储量按照油气当量关系转化为立方米，则石油、天然气总和约为4.71×10^{14}立方米。

如前所述，目前普遍认为可燃冰所蕴含的天然气总量约为10^{15}立方米，比目前全球石油、天然气总和的2倍还多。如此说来，可燃冰被科学家称为“21世纪能源”或“未来能源”当之无愧啊。

纵观人类的发展历程，18世纪60年代末，工业革命开始，随着瓦特蒸汽机的发明，薪柴已不足以满足人类生存的需求，人类逐渐学会了利用煤炭。时间的齿轮又走过110多年，内燃机出现，薪柴和煤炭都无法满足内燃机的需求，石油和天然气作为流体能源逐渐在人类的工业化进程中占据了首要地位，石油更被称作“流动的黑金”。1965年，也就是Makogon预测地球上存在大量自然形成的可燃冰的那一年，石油在全球能源消费占比超过50%，标志着石油正式取代煤炭占据首位，世界进入了石油时代。

薪柴做饭

蒸汽机发明人——詹姆斯·瓦特

内燃机发明人——卡尔·本茨

如果将这两个事件联系起来，聪明的你，肯定已经嗅到一股浓浓的火药味了！随着科学技术的发展，人类对于更清洁、更高效能源的需求，用“如饥似渴”来形容，应该不为过吧？

人类利用自然资源的历程总是从简入难，对油气资源的利用也不例外。石油天然气刚进入人类眼帘的时候，人类将目光投向了那些最容易被开发利用的储层。经过百余年的采掘（目前认为石油工业开启的时间为 1859 年），最容易开发的那部分石油天然气资源越来越少，迫使人们将目光投向了那些不容易开发利用的油气资源，并给它们单独起了名字——非常规油气。可燃冰、致密气、页岩气、煤层气等这些近年来常常听到的新鲜名词都属于“非常规油气”。如果将已知的油气资源类型统计为一个金字塔，那么可燃冰将处于能源金字塔的底部，资源总量最大，但是大都零星点点散落在地球的各个角度，因而是富集丰度最差、开采成本最高、技术依赖程度最高的一种非常规油气资源。

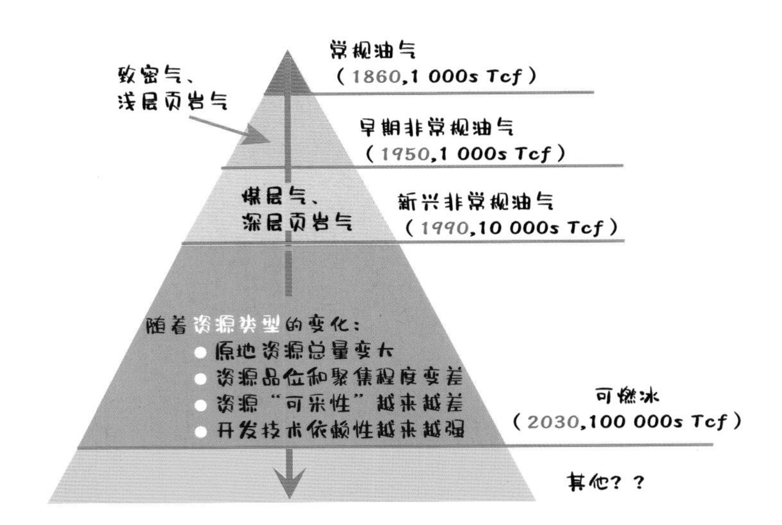

嗯，讲到这里，我们终于明白了，可燃冰实际上是一种以固态形式存在的、在地球上广泛分布的、在能源领域占有重要地位的非常规天然气。之所以可燃，是因为其中含有大量的天然气；之所以长得像冰，是因为其中有固态水（冰），是天然气和水完美结合的产物，因此它的学名叫作天然气水合物。它既是冰块的孪生大哥，又是天然气的孪生小弟，资源潜力巨大，在悠久的历史长河中，一直隐藏在深海和永久冻土里面，等着人类去探索。现在我们终于发现了这种宝藏，是不是应该更深入地和它交交朋友，更好地对它加以利用呢？

知识点四

可燃冰是由烃类气体分子（如甲烷、乙烷、丙烷等）与水分子在一定温度和压力条件下，生成的一种类冰状的结晶物质，其学术名称即为天然气水合物。

神冰初现，我们在这一章完成了“以貌取冰”，初步认识了可燃冰这位新朋友，知道了可燃冰由天然气和水组成。下一章，我们就去探秘可燃冰的基因吧。看看这个调皮的能量块与它的孪生兄弟冰和天然气产生差异的根本原因是什么。别走开，答案即将揭晓。

2 见微知著

瞧，这是不烫手的火焰

“哇，快看，那位大哥哥怎么手里捧着火花？”

“他手里捧的，是一块燃烧的冰，那不会是我们听说过的可燃冰吧？”

“好奇怪，他抱着火堆，好像一点儿也不烫手，像变魔术一样。”

要理解这个现象，我们从一个俗语开始——冰火两重天。虽然可以捧在手里，但实际上可燃冰的火焰温度跟家里灶台做饭的火焰温度是一模一样的。图片中的科学家没被烫伤，是因为可燃冰释放的天然气一直向上跑，火花也一直向上燃烧。与手接触的地方，仍然是凉嗖嗖的冰块。而且燃烧过后还会留下大量的水，集聚到手掌上，形成了一层自然保护膜，隔绝了火焰对双手的烘烤！

冰火虽然两重天，但是冰火不一定不相容。可燃冰是地球母亲经历近 46 亿年积淀之后，馈赠给人类的“最后一滴化石能源”，它完美地诠释了大自然的矛盾与统一：两种看似极端对立的东西，在一种特定条件下完美结合，绽放出美妙的光芒。那么，究竟是怎样的鬼斧神工，造就了可燃冰如此特立独行的“双重人格”呢？

可燃冰由水分子和气体分子组成，我们先来认识一下水分子。

调皮的水分子

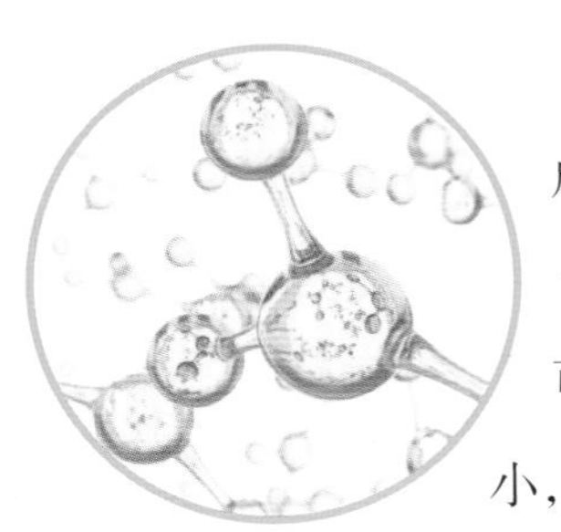

我们生活中接触到的许多物质都是由一个个分子组成的，我们日常所见到的水，正是由一个个微小的水分子组成的。水分子的直径非常小（0.4 纳米左右），肉眼可见的水滴，不论多小，至少也含有数以万亿计的水分子。数以万亿计的肉眼不可见的水分子聚集在一起，才形成我们看得见、摸得着的水滴。生活常识告诉我们，水的状态会随温度变化而改变，共有液、气、固三种形态。烧开的热水会变成水蒸气，而寒冷的冬天水滴会结冰。

知识点一

纳米是长度的度量单位，1 纳米等于 0.000 001 毫米。1 纳米相当于一根头发丝直径的六万分之一。

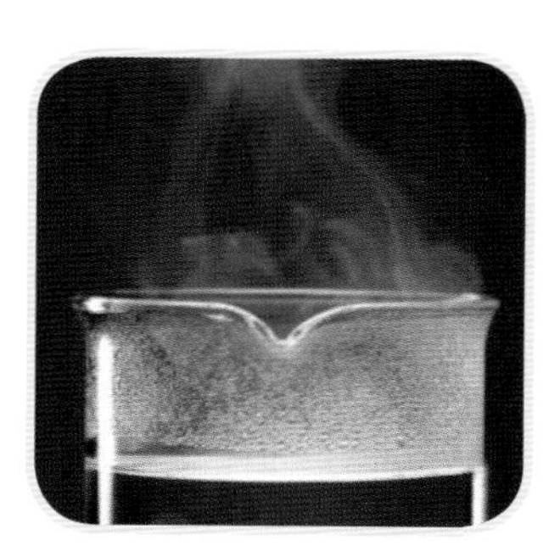

同学们，你们现在明白了吗？冰、水蒸气、水都是由无数个水分子聚集形成的团簇，在温度高于沸点的情况下呈现为气态，在比较温和的环境中呈现为液态，在寒冷的环境中则会变成固态晶体。

如此说来，水分子其实是很调皮的，非常自由散漫，它们之所以能够聚集在一起，是依靠一股神秘的力量，科学家把这种能够使很多个水分子聚集在一起的力量叫“氢键”。在氢键的作用下，不同的水分子手拉着手有序地集合在一起。在较低的温度条件下，当水分子手拉手的顺序相对固定时，就形成了有序排列的晶体结构，这就是我们所看到的冰！

知识点二

一分钟了解氢键

“键”简单来讲就是一种力的作用，是它将不同的原子按照一定的规律组合起来，成为各具特色的分子。

氢键也是一种力的作用，当一个水分子中的氧原子和另一个水分子中的氢原子靠近时，就会产生电荷的吸引，而这种吸引力就是氢键。

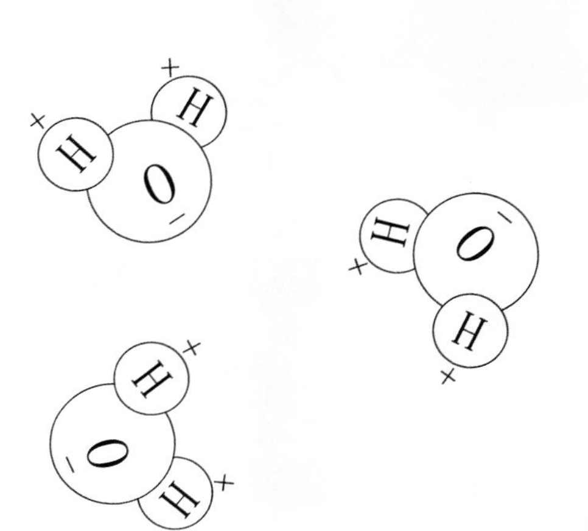

可燃冰中的水，正是以冰一样的晶体形式存在的。这就是为什么可燃冰看起来跟我们在冬天见到的冰外观相似的根本原因。

看吧，原来科学家命名的时候“以貌取物”，将它叫作可燃冰一点都没冤枉它呢。这分明就是冰嘛！但是，此冰非彼冰。冰也有很多种，而且每一种冰都有自己独特的内涵——不同的晶体结构。

请看下面这幅图，一个红点代表一个水分子，每一个水分子周围都有其他四个水分子与它通过氢键连接，五个水分子共同形成一个独立的冰晶体，很多个晶体面与面相互接触聚集，就构成了我们看得见、摸得着的冰块。因此，可以形象地说，冰的晶体结构就是它的基因。科学家们正是利用这种独特的基因，来识别冰的种类。人类目前已经发现的能够稳定存在的冰晶体结构多达20种。

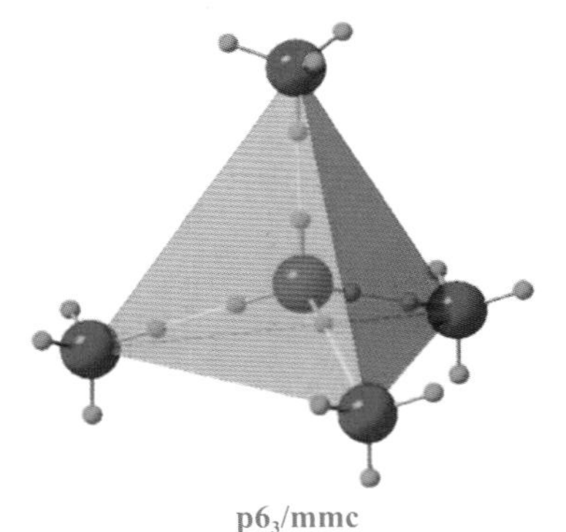

$p6_3/mmc$　　　　$p6_3cm$

那么，如果将可燃冰里面的天然气去掉，余下的物质是不是就变成货真价实的冰了呢？对！不含天然气的可燃冰晶体，确实就是一种冰。但是缺少了天然气分子的帮助，这种特殊结构的冰是无法稳定存在的，我们将其称作“亚稳态

冰”。亚稳态冰就像一个没有筋骨的笼子,随时可能坍塌。只有当尺寸比较小的天然气分子钻到笼子内部,将这种处于亚稳态的结构支撑起来,才能够形成较为稳定的“冰”,也就是可燃冰。

独具特色的水合物房子和四梁八柱

如果把可燃冰的形成看成是盖房子,水分子形成的骨架就相当于给房子搭成了主体框架,但主体框架只有在内部四梁八柱的支撑下才能够稳定,而起到这种四梁八柱支撑作用的,正是天然气分子。科学家将天然气分子对亚稳态框架的支撑力称作范德华力。范德华力和氢键一样,都是一种力的作用。

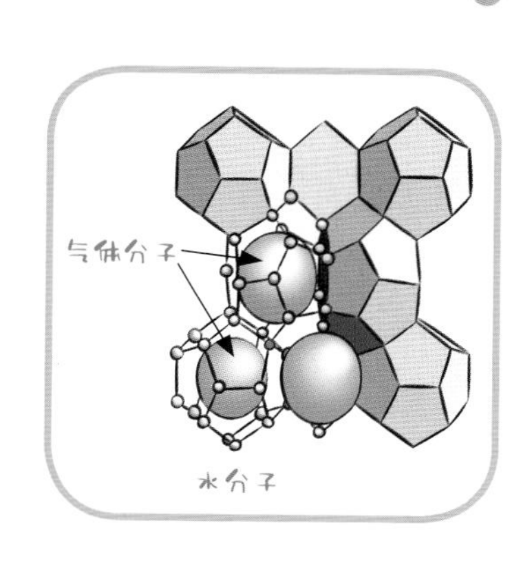

既然水分子搭建成的框架里面已经有了其他物质(天然气),我们就不能将它当作一种纯粹的冰了。为了便于识别,科学家将这种主体框架由水分子构成、里面依靠天然气分子支撑的结构叫作天然气水合物,最简单的理解就是:由天然气和水在特定条件下合成的物质。

咦？我们盖房子的时候，虽然墙体框架都是钢筋混凝土，但是里面的支撑架可以是木头，也可以是钢筋。那么，是不是还有其他气体能钻进水分子笼子里充当支撑呢？答案是肯定的！

我们熟悉的二氧化碳、氙气、氩气等都可以钻到水分子形成的笼形结构中，这些能够钻到笼形结构内部“做客”的气体分子被称作“客体分子”。科学家们将这种客体分子与水分子框架通过范德华力相结合而形成的物质统称为“水合物”。为了进一步加以区别，通常将客体分子名称与“水合物”连起来称呼，如二氧化碳水合物、氙气水合物、氩气水合物等。

原来水合物家族这么丰富多彩啊！试想，如果水合物中的客体分子不可以燃烧，它还能俗称为“可燃冰”吗？如果在水合物主体框架结构内填入一些特殊功能的客体分子，是不是可以有特殊的用途呢？这一点，请同学们独立思考。

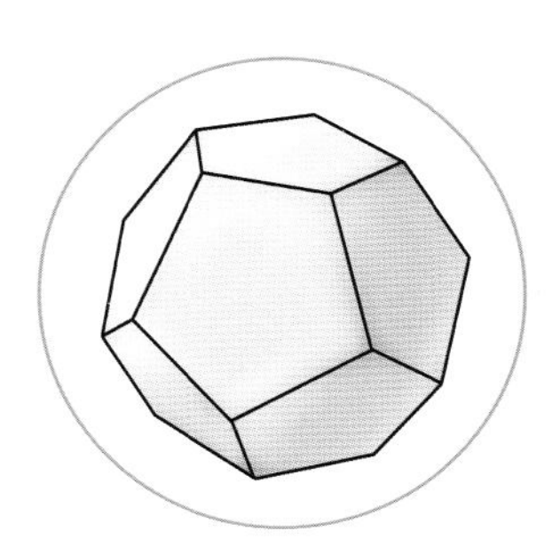

常言道:“一母生九子,九子各不同。”水分子手拉手形成的水合物笼形结构的形状也存在差异。科学家们使用X射线衍射测试设备分析了很多可燃冰样品,总共发现了5种基本的“笼子”结构,它们可以分别表示为5^{12}、$5^{12}6^{2}$、$5^{12}6^{4}$、$4^{3}5^{6}6^{3}$、$5^{12}6^{8}$。这几个代号就像战争时期对渗入敌方的特工编号一样,具有唯一性。其中5^{12}表示一个规则的五边形十二面体,如果给大家足够多的五边形、六边形、四边形磁力贴,大家能想办法拼凑出上述水合物“特工编号”的基本形状吗?

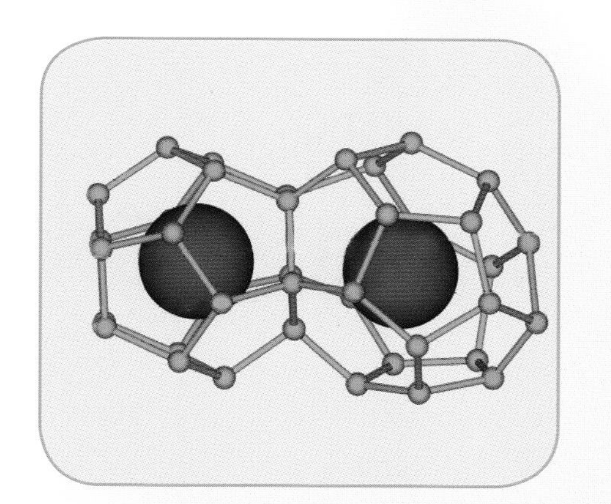

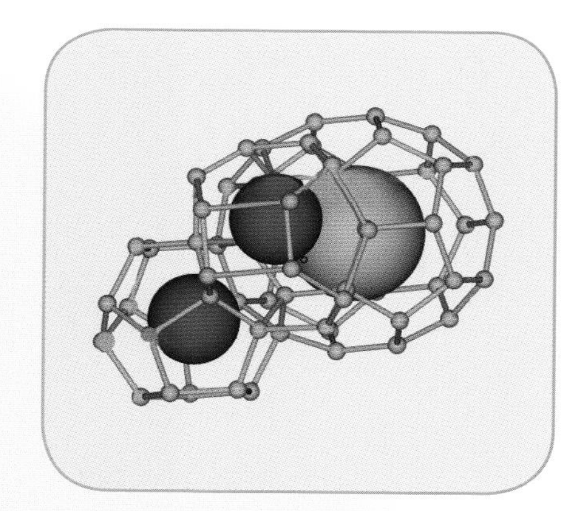

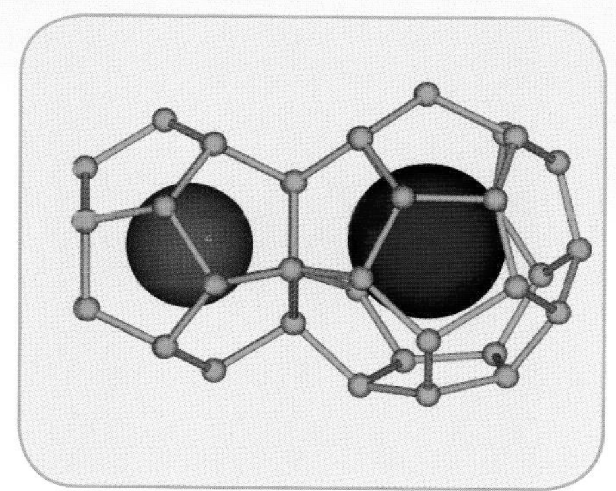

屋子叠屋子，大楼平地起

当然啦，我们的城市这么大，简单靠一个个小的房间是没法容纳庞大的人口的，于是人类将一间间的小屋子组合起来，就构成了形式各样的大楼。科学家研究发现，形成水合物的这五种小房子，总是以相对固定的模式拼凑在一起的，水合物“大楼”的基本类型也只有三种形式，分别定义为：I 型、II 型、H 型。这几种类型的水合物“大楼”就像城市地标一样，是我们导航的基本依据，科学家识别可燃冰，最重要的工作之一就是识别水合物“大楼”的类型。

那么，这三种形式的水合物“大楼”，又各自具备怎样的特质呢？

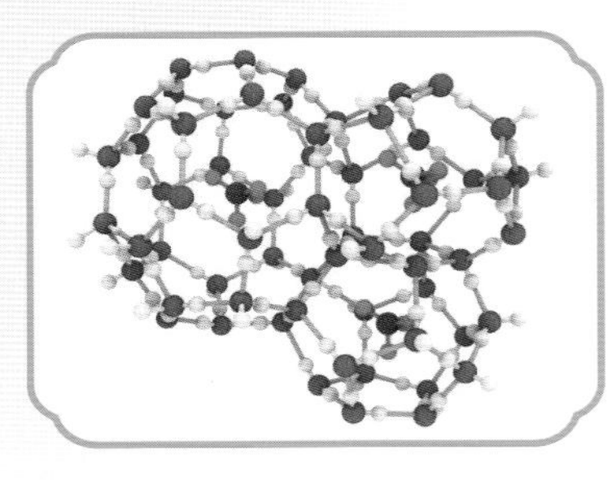

在 I 型结构水合物中，水分子组成两种笼形结构，分别是五角十二面体（5^{12}）的“小笼”和十四面体（$5^{12}6^{2}$）的“大笼”。一个完整的 I 型水合物“大楼”由 2 个“小笼”和 6 个“大笼”组成。

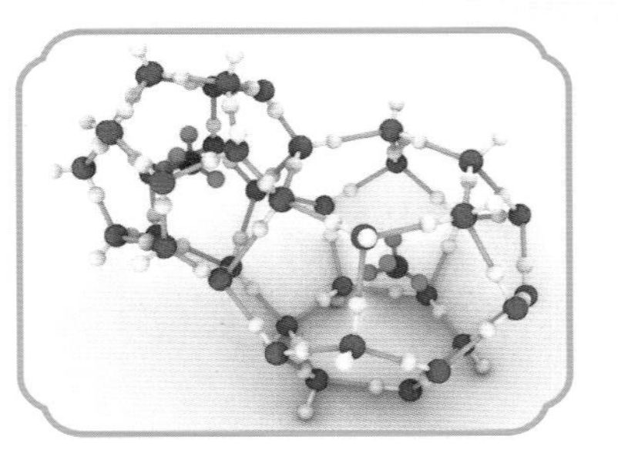

II 型水合物“大楼”中的主要“户型”也有两种，分别是五角十二面体（5^{12}）的“小笼”和十六面体（$5^{12}6^{4}$）的“大笼”。一个完整的 II 型水合物“大楼”由 16 个“小笼”和 8 个“大笼”组成。

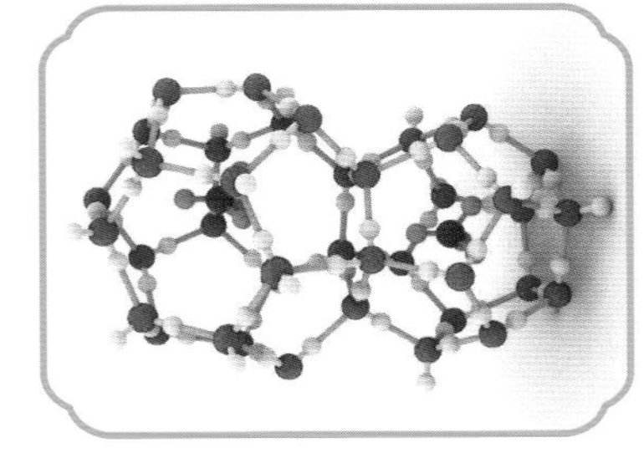

H 型水合物“大楼”的“户型”结构则相对复杂很多，主要包括五角十二面体（5^{12}）的“小笼”、十二面体（$4^{3}5^{6}6^{3}$）的“中笼”和十六面体（$5^{12}6^{4}$）的“大笼”。一个

完整的H型水合物“大楼”由3个“小笼”、2个“中笼”和1个“大笼”组成。

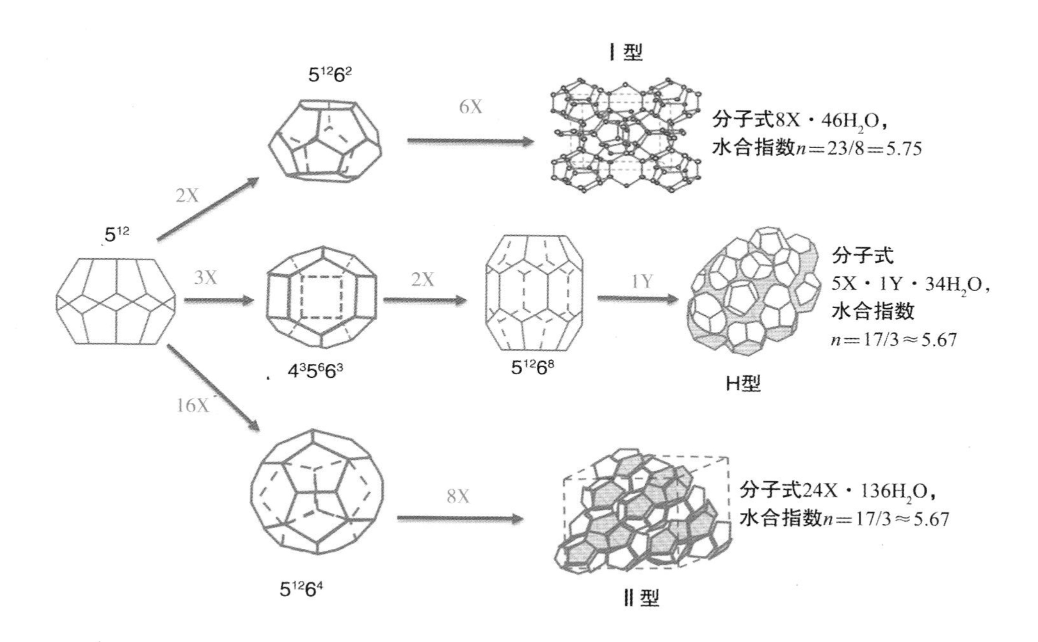

正是因为不同的水合物“大楼”尺寸不同，水合物“大楼”中每个房间的尺寸也不同，所以水合物“大楼”中所能容纳的客体分子的大小也不同：I型结构笼子最小，只能装下如甲烷、乙烷这样的小分子；II型和H型结构稍微大一些，能容得下丙烷、丁烷这样的大家伙。如果气体分子太大，挤不进笼子，就没法形成水合物了，自然就不能形成可燃冰了。在同一栋水合物“大楼”里面，大笼子和小笼子里安放的客体分子也存在差异。比如，在H型水合物“大楼”中，五角十二面体（5^{12}）的小户型“房间”中往往存放甲烷等小分子，而环己烷等大家伙则只能被安放在户型比较大的十六面体（$5^{12}6^4$）的“大笼”中。一座座水合物“大楼”彼此毗邻，就构成了一个蔚为壮观的城市。

讲到这里，大家可能已经明白了，可燃冰大楼仅仅是诸多水合物大楼里面的一种。测定可燃冰大楼的形状，是科研人员认识可燃冰的重要环节。而测定可燃冰的结构类型就像测定人类的基因序列一样，是一项非常精细的工作，必须依赖于先进的科研设备和分析方法，比如拉曼光谱探测方法、核磁共振波谱法、X 射线衍射法、中子衍射法等。这些现代化的探测仪器组合起来，就变成了不折不扣的“可燃冰医院”，可燃冰在全副武装的“医院”里体检，每一个细节都会被我们看得清清楚楚。当然啦，想要操作这些现代化的探测仪器，离不开同学们在数理化课程中所学到的知识。如果你们将来想成为一名科学家、一名研究员、一名实验测试专家，就请从现在开始认真学习，打牢基础吧！

盖楼需要劳动力，可燃冰生成需要低温高压条件

通过上面的介绍，我们对可燃冰的认识更多了，了解了它的组成和结构，那么接下来咱们再一起看看它形成的条件吧。实际上，水分子和水分子相互接

触时，就像同学们与熟悉的朋友见面，非常健谈，活蹦乱跳，时而东倒时而西歪，形不成固定的结构。只有当温度非常低时，水分子们会感觉到很冷，有一个水分子说："咱们抱团取暖吧！"两个水分子抱在一起，就显得暖和多了。别的水分子一看，它们抱在一起，很暖和，干脆我们也加入吧？于是，越来越多的水分子就抱在了一起，形成了水分子笼。

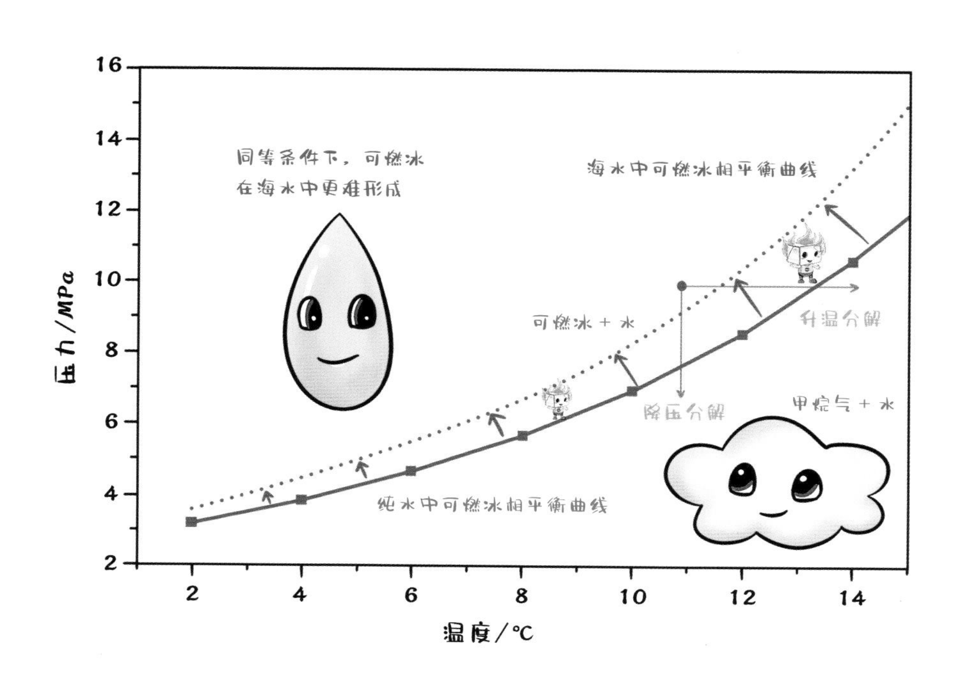

尽管如此,水分子不喜欢和陌生的客体分子主动打招呼,甚至有点儿排外。因此,只有在外力的作用下,经过一段时间的相处,才能迫使客体分子进入到水分子笼中。自然界中的这股外力表现为压力。一般来说,温度越低、压力越高的环境,越容易促进可燃冰的形成。

另外,虽然水分子不喜欢和陌生的客体分子主动打招呼,但是科学家研究发现,形成过可燃冰的水分子,再次形成可燃冰时往往更容易与天然气分子结合,这似乎是天然气“刷脸”的结果:当天然气和水第一次结合生成可燃冰的时候,彼此都比较拘谨,所以合成可燃冰就比较慢。一旦有了相互结合的经历,当水分子再次遇到天然气分子的时候,就显得没有那么陌生啦,所以此时天然气就比较容易进入到水分子的笼子中去。这一现象的秘密就是“记忆效应”。

知识点三

利用可燃冰分解后的液态水与气体进行反应,可大大缩短可燃冰成核的诱导时间,加快可燃冰的生成,这种现象称之为“记忆效应”。

诱导时间:从气体分子溶于水中达到平衡状态开始,到可燃冰生长聚集形成晶体,这段时间称为可燃冰晶体生长的“诱导时间”。

讲到这里,同学们也许有所领悟了:冰与火两个看似对立的东西,通过大自然的鬼斧神工实现了完美的结合,为人类发展打开了一扇“能源”之窗。大自然用客观事实透露给我们很多生活的智慧。所谓冰炭不投,也许只是看待事物的角度不同。换一种角度,也许会有不同的结果。

3 深海藏宝

在我们阅读了“神冰初现”和“知微见著”之后，终于明白可燃冰是一种只能在高压低温环境下形成的天然气水合物。受温压环境和天然气来源等条件的制约，地球上绝大部分可燃冰主要分布在温度极低的冰川冻土区或压力较大的深海里。那么，地球上真的存在一座座纯洁的可燃冰“冰山”等待着我们去挖掘、去开发利用吗？

上寒山

下深海

非也！非也！接下来的章节里，我们去认识一下大海深处的可燃冰之家吧。

形成可燃冰的“源头活水”

首先，可燃冰的家必须拥有四个基本条件：充足的天然气气源、充足的水源、足够高的压力、足够低的温度。即使这些条件都满足了，可燃冰也不会立刻出现。我们再重温一下神冰初现的过程：水分子和天然气分子都比较内向，不愿意主动靠向彼此，两者结合成可燃冰实属外力（温度压力条件）逼迫下的无奈选择。天然气就像个高傲的小姐姐，被誉为21世纪能源，永远觉得自己是最美的。水分子又是慢热型的，要想让天然气委身“下嫁”给水分子形成的笼子，必须让它俩有充足的时间待在一起，即所谓的“日久生情”。科学家将天然气和水分子在高压低温条件下从相遇到“相知”并愿意结合为可燃冰所消耗的时间称为“诱导时间”。而促使天然气和水分子长期相处的源动力，在地球科学领域被叫作“盖层”或“圈闭”。

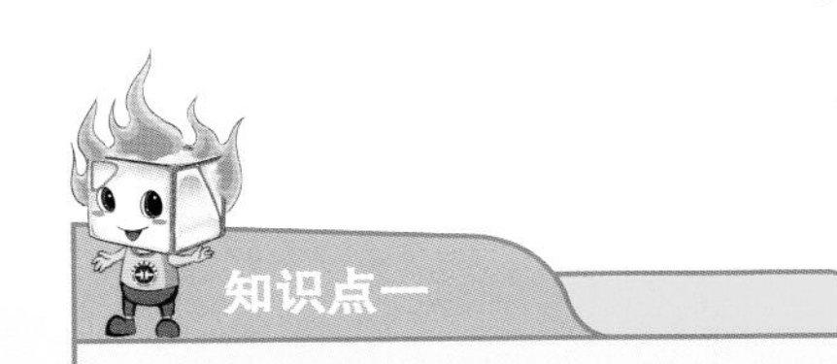

盖层是指位于储集层之上能够封隔储集层使其中的油气免于向上逸散的保护层。

圈闭是一种能阻止油气继续运移并能在其中聚集的场所。

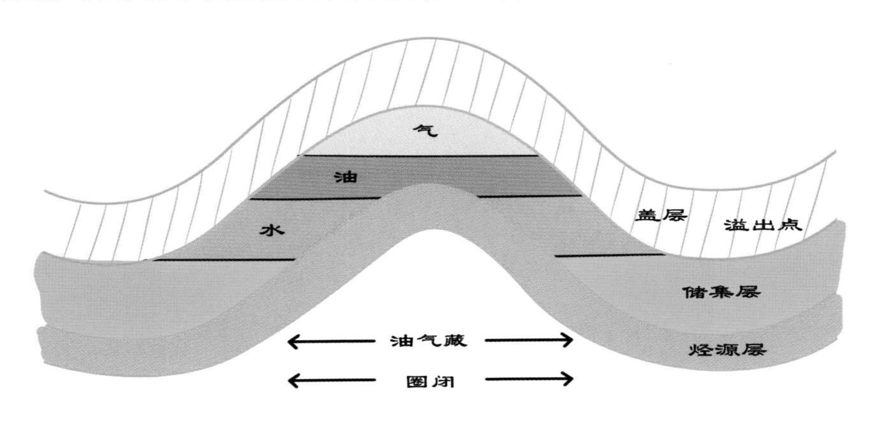

实际上，自然界中的天然气很难在常温常压条件下产生，生成可燃冰的天然气来源主要有两类：（1）被掩埋的动物尸体经过千百万年的埋藏，经微生物作用转化，产生“生物成因天然气”；（2）地球深部的物质在地层高温作用下裂解为小分子，释放出“热解成因天然气”。

地球深部形成的天然气因为密度轻、压力高，会争先恐后地沿着各种地层缝隙向上窜，恨不得早点儿脱离深部地层的束缚，奔向自由天空。所以它们丝毫不留恋身边的水分子，更别说形成可燃冰了。因此要想保证天然气与水有充足的时间相处，就必须堵住它的上升渠道，或者延缓它的上升速率，这就是“盖层”或“圈闭”的作用了。其实啊，可燃冰一旦在海底的浅地层中形成，那么它本身就可以作为一个完美的盖层，从而促使更多的可燃冰在其下方慢慢生长。

地球两极冰盖下可能存在大量的天然气，被冰盖“圈闭”的天然气聚集在海水中，因此极有可能形成可燃冰。但是，由于人们对地球两极地区的研究和认识还不够深入，暂时还没有找到冰盖下存在巨厚层可燃冰的直接证据。

如果没有两极地区这种独特的环境条件，海洋其他地方是否可能存在巨厚的可燃冰冰山呢？答案应该是否定的，因为地层中没有能够形成冰山的封闭空间。既然“没有封闭空间”，那可燃冰怎么能聚集成山呢？

可燃冰爱住大孔隙

当然，“没有空间”，只是相对的。地层并不是一块形状和厚度规则的钢板，海底地层结构复杂，各种地质构造会产生很多小空间。为了理解这种小空间的形态，我们可以把泥砂颗粒想象成一个个圆溜溜的小玻璃球，很多小玻璃球堆

在一起，总是会留下很多小的空间。这与地层泥砂颗粒的堆积模式有非常高的相似度，但是地层中的泥砂颗粒可能不是理想的圆球状，所以地层泥砂堆积形成的孔隙空间形态差异也比较大。地质学家用孔隙度来量化表征地层中泥砂堆积形成的孔隙空间的大小，孔隙度越高，能用于可燃冰生长的空间就越大，反之亦然。实际上，由于地层的颗粒非常小，堆积构成的孔隙空间往往更小，很多时候是很难用肉眼分辨出孔隙的。因此，即使这些小孔隙里面存在可燃冰，也很难用肉眼分辨出来。

知识点二

孔隙是指颗粒与颗粒集合体堆积之后形成的空间。通常而言，泥砂颗粒越大，形成的孔隙的直径越大，即孔隙空间越大。

孔隙度是指岩石或沉积物中所有的孔隙空间体积之和与该类岩石或沉积物堆积形成的总体积的比值，通常用百分数的形式表示地层孔隙度的大小。理想的球形颗粒堆积形成的沉积物孔隙度约为48%，当泥砂颗粒的不规则程度较大的时候，孔隙度通常小于48%。

那么，海洋沉积物中的这些空间的细致布局是什么样的？可燃冰在其中又有怎样的分布规律？对于那些肉眼看不见的分散型水合物又怎么去观测？这些问题需借助一种微观观测的神器来解决，它就是CT技术。

原来地层中并不存在冰山，可燃冰在地层岩石的夹缝中艰难求生。

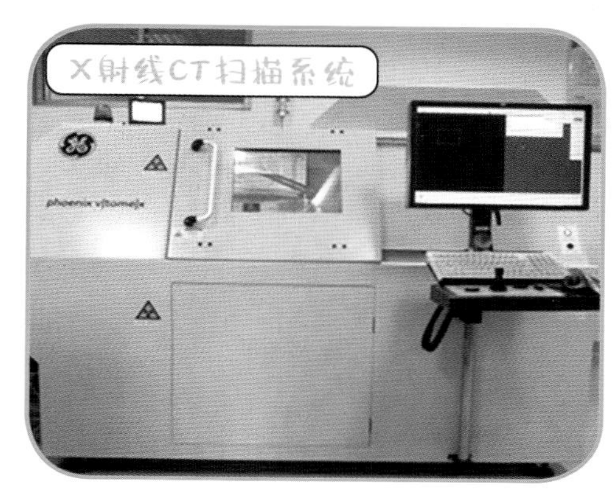

探测可燃冰所用的CT技术与医院探测病人体内病灶的CT技术原理是一样的，只是根据探测对象的不同，设备造型和功率有所差异。科学家利用CT对可燃冰样品进行观测，可在不破坏样品原始形态的前提下有效地获得其内部空间结构信息，相当于连可燃冰带其居住场所一起做了一次整体扫描。从扫描的结果来看，泥砂内部的粗大裂缝或粗砂颗粒的孔隙中往往聚集更多的可燃冰，而小孔隙中则相对较少，这说明，可燃冰更喜欢大空间。原来可燃冰和我们一样，都喜欢住大房子。

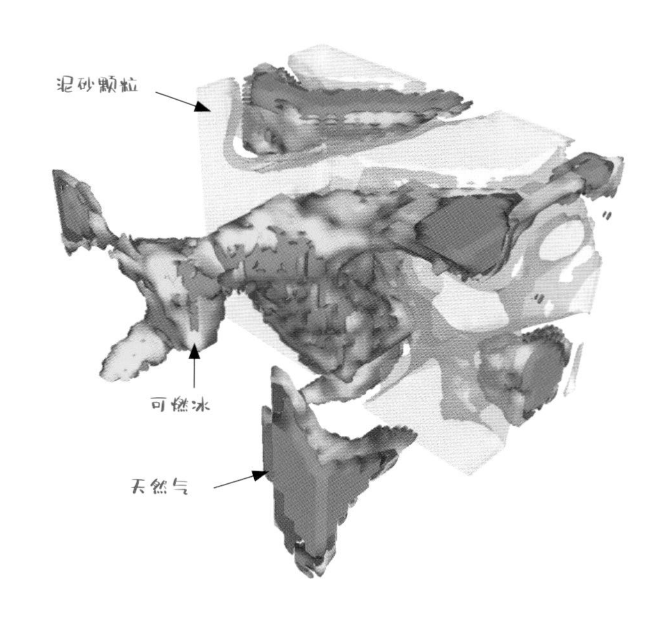

正是因为可燃冰喜欢大房子，海底地层中的一些贝壳壳体（科学家称其为有孔虫壳体）就成了可燃冰优先生成区域。下面这幅图展示的就是通过扫描电

子显微镜观察到的有孔虫壳体,它取自我国南海神狐海域的可燃冰富集区,可以看出,有孔虫壳体表面多小孔,因此得名有孔虫。

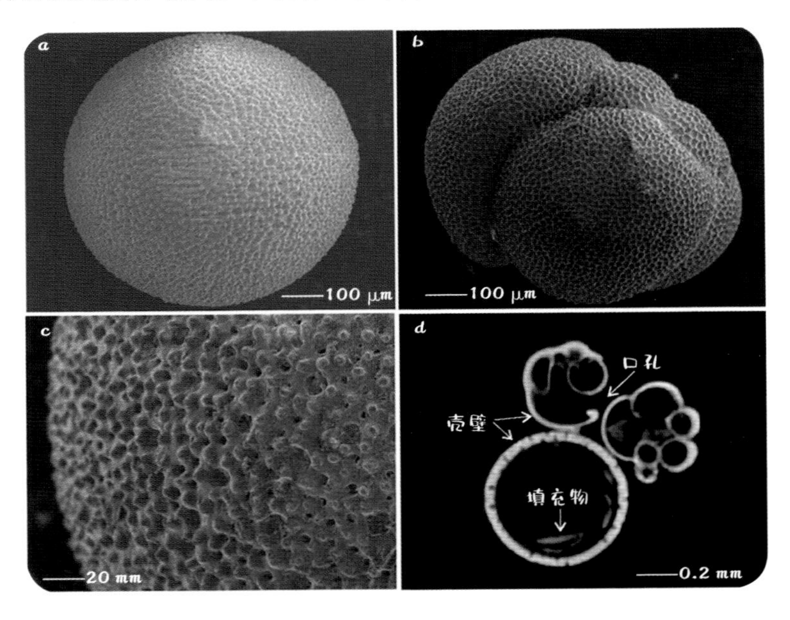

有孔虫是一类古老的原生动物,5亿多年前就产生在海洋中,种类繁多,其能够分泌钙质或硅质形成一到多个房室,房室之间相互连通,而且壳上有一个口孔和多个细孔,正好给周围沉积物中的天然气和水提供了一个理想的流通和储集空间,为可燃冰发育提供了便利条件。科研人员发现,可燃冰会优先在有孔虫壳体内部生长并填充,而有孔虫壳体之外的泥质沉积物中就没那么多可燃冰。

知识点三

据科学家初步统计,在我国南海的可燃冰地层中,有孔虫壳体含量与水合物含量呈正相关关系,说明有孔虫壳体对南海泥质地层中的水合物含量起到非常重要的调节作用。

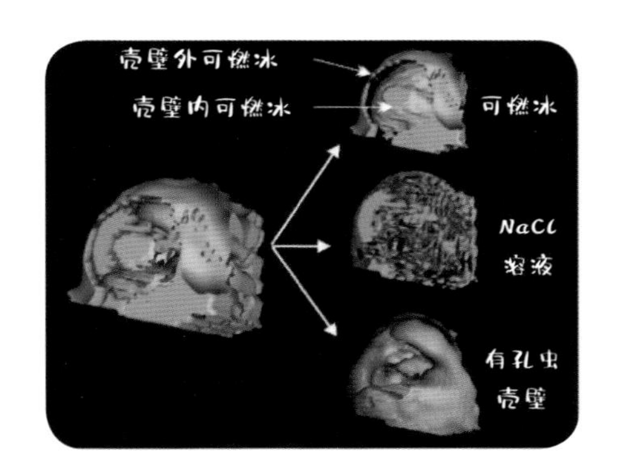

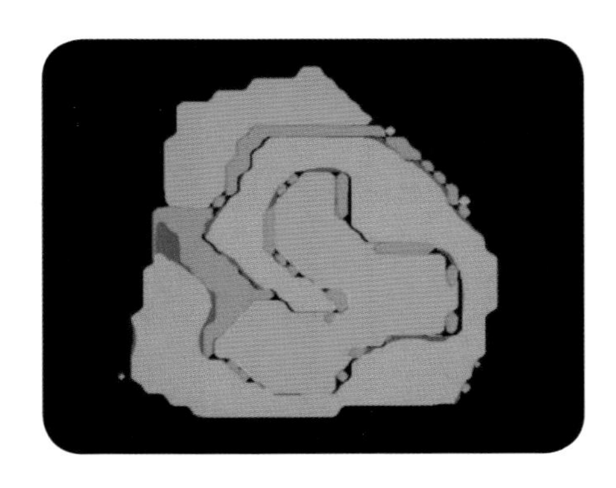

房子大了，活动的空间也就大了，就好比我们自己在家时，可以随意在自己喜欢的地方待着，但如果来了很多客人，大家就只能挤在一起。这和可燃冰的习性差不多，它也会根据周围空间的大小选择合适的姿态。

研究人员发现，当孔隙中可燃冰比较少的时候，它们倾向于紧贴着孔隙面生长，学名叫“孔隙接触模式”。随着数量增多，一部分可燃冰被挤到孔隙中央，从而演化成为“悬浮模式”。如果可燃冰的数量继续增多，孔隙内部会被挤得满满当当，连边边角角也会被可燃冰填满。就好像可燃冰把一堆泥砂黏在一起，因此被称为“胶结模式”。

知识点四

可燃冰在孔隙中的赋存模式一般分为接触、悬浮、胶结等三种模式。随着可燃冰饱和度增大，赋存状态由接触模式向胶结模式转变。

哇，原来可燃冰通灵性啊，懂得“适者生存”这个道理。当它改变不了周围环境的时候，就想尽办法让自己适应环境。它首先选择比较大的房子赋存，但也能根据空间变化找到舒服的姿态，在孔隙中以接触模式、悬浮模式、胶结模式三种类型填充。

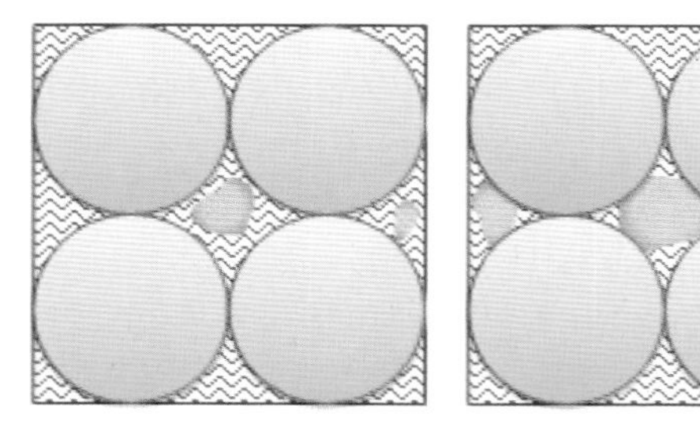
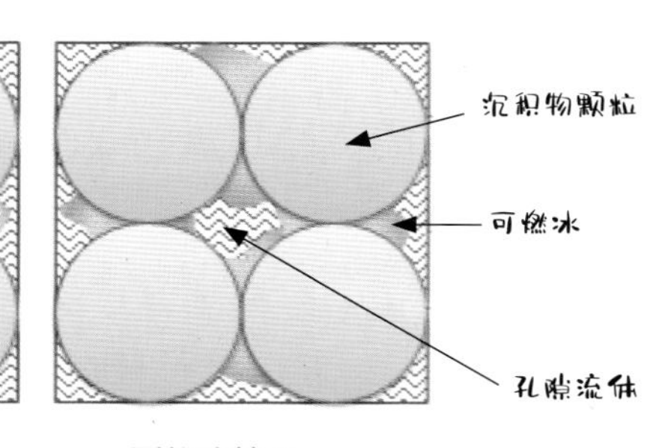

孔隙悬浮型　　接触支撑型　　颗粒胶结型

为了定量化地表征可燃冰在孔隙中的数量，科学家提出了饱和度的概念，同学们能根据以上表述，自己总结出饱和度的定义吗？

知识点五

饱和度：指地层孔隙中的物质的体积占地层孔隙总体积的百分比，如油气行业常用含油饱和度、含水饱和度分别代表地层孔隙中的原油、水占据孔隙体积的百分比。

可燃冰饱和度：将可燃冰视为地层孔隙中的物质，不考虑可燃冰生成对地层孔隙结构的影响，那么可燃冰的含量与原始状态下地层孔隙体积的比值，就是可燃冰在地层中的饱和度。

没条件就创造条件，让自己适应大自然

虽说可燃冰能竭力尝试适应环境，但有时候条件实在太恶劣了，它也会“揭竿而起，予以反抗”。最典型的情况就是：地层给它的房子太小，挤得它根本没办法活动的时候，它就想办法拓展自己的活动空间。这种情况下会发生什么现象呢？

由于空间太小，可燃冰生长过程会硬生生地将小孔隙周围的部分泥砂颗粒挤到外面去，可燃冰数量越多，挤出去的泥砂颗粒也就越多，科学家将可燃冰生成时将泥砂颗粒挤出去的这种行为称为“颗粒替代”，而前面我们讲到的可燃冰在大孔隙中生成时不改变原有孔隙结构而生长的行为称之为“孔隙侵入”。

不管是“颗粒替代”还是“孔隙入侵”，都是一件费时费力的事情，这就是为什么可燃冰喜欢在大空间内生长，并且生成速率较快，而在空间非常狭小的泥里面生成所消耗的时间很长。如果大家能想到更好的办法让可燃冰能够在极其细小的空间里面快速生长，那就可能解决制约可燃冰科学研究的最关键难题之一，对科学技术的进步功不可没。

同学们现在清楚了吧？可燃冰在粗颗粒沉积物中生成的时候，由于空间足够大，它能够很舒坦地安顿下来，就不会造成孔隙结构的改变，只需要把孔隙中的水消耗掉就可以啦。但是，当孔隙空间非常小的时候，为了生存，它会重新筑巢，再加上不同可燃冰性格不同，筑巢的形状自然也是千变万化。那不同的可燃冰筑巢造房有没有共性可寻呢？

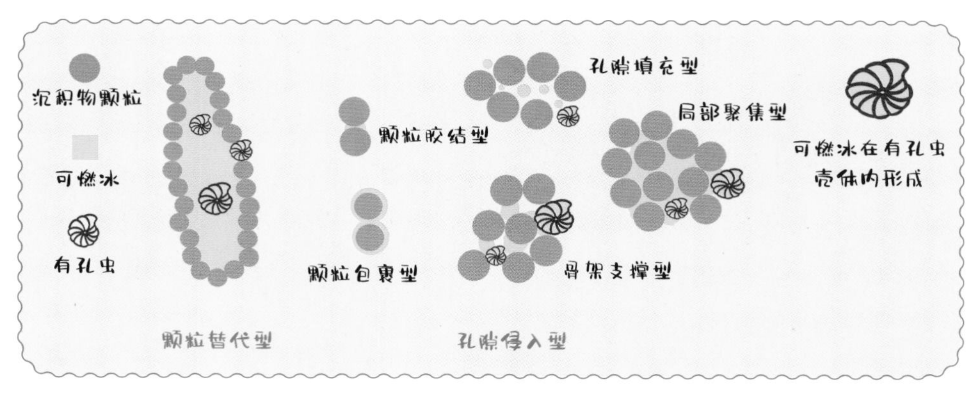

所谓万变不离其宗，答案自然是肯定的！科学家发现，以颗粒替代模式生成的可燃冰，在地层中主要有以下几种分布形态：结核状、透镜体状、脉状、裂隙填充状、厚层块状。同学们能不能想象一下这几种形态的大致形状呢？下面这些图片里面，白色的东西就是可燃冰，灰色的则是造房子用的沉积物。

结核状　透镜体状　脉状

裂隙充填状　厚层块状

从下面这幅图可以看出，不管环境多严酷、多苛刻，可燃冰也不会与灰黑的泥砂同流合污，表现出“冰清玉洁”的品质，与沉积物的接触面也是泾渭分明，就好像流浪的黄河，弯弯曲曲地在广袤的大地上寻找最佳的延伸状态。另外，科研人员还发现，以“颗粒替代”方式形成的可燃冰往往具有群居特征，喜欢彼此平行排列或以很小的角度相交，形成一个蔚为壮观的可燃冰“族群”。族群内部的每一个成员（单体）厚度通常为 1 ～ 100 mm，单体间距为 10 mm ～ 10 m。与族群内部整齐排列的特质相反，不同族群之间通常以比较大的角度相交，似乎呈现出一定的“对阵”趋势。

同学们，你们能自己总结出颗粒替代形成的可燃冰在地层中的基本分布特征吗？

可燃冰生成过程的颗粒替代过程，把海底地层原本的孔隙结构挤压破坏了，相当于把已经造就好的房子"挤漏"了。因此，科学家将以颗粒替代形式的可燃冰统称为"渗漏型"可燃冰，而将孔隙侵入模式形成的可燃冰统称为"孔隙填充型"可燃冰。

知识点六

丰度：指一种物质在某个自然体中的重量或体积占这个自然体总重量或总体积的相对份额，用百分数表示。可燃冰的丰度可以采用质量丰度表示，也可以采用体积丰度表示。

请同学们再次思考一下，我们讲解孔隙充填型可燃冰的时候，是用饱和度这个参数来衡量可燃冰的含量的。但是对于渗漏型可燃冰而言，孔隙已经被百折不挠的可燃冰完全破坏了，还能用饱和度的概念来评价可燃冰数量吗？

目前，全球已经发现的可燃冰，有 90% 以上在海洋中，仅不到 10% 处于陆地永久冻土带；而海洋里的可燃冰有 92% 以上是渗漏型，孔隙充填型所占的比

例不足 8%。自人类第一次在野外发现可燃冰到今天已经过了半个世纪，可目前研究最多的仍然是孔隙充填型可燃冰，对占海洋可燃冰资源总量 92% 以上的渗漏型可燃冰的研究才刚刚起步，这不能不说是一种遗憾。

我国科学家发现，在我国周边海域（特别是南海），基本上不存在能够生成孔隙充填型可燃冰的大颗粒砂质沉积物。已经在南海发现的孔隙充填型可燃冰大部分与有孔虫壳体相关，在没有

有孔虫壳体的地方形成孔隙充填型可燃冰是非常困难的。可以预见，渗漏型可燃冰将是我国南海可燃冰研究的主力方向。同学们，如果你们将来想从事海洋可燃冰方面的研究，应该知道往哪个方向走了吗？

4 龙宫探宝

《古今医统》有言,“望闻问切四字,诚为医之纲领”。指的是中医医学寻找病人病灶的基本步骤,观气色即望,听声息即闻,询问症状即问,摸脉象即切。通过望闻问切四个步骤,医生就基本能够判断病人发生病变的部位、病灶类型、病情程度,相应的治疗方案,自然也已酝酿成熟。

中国医学的博大精深为现代科学发展也提供了重要的启示:科学家通过各种手段寻找可燃冰的过程就类似于中医诊疗确定病人病灶。那么接下来,我们就来看看,科研人员是如何通过望闻问切来寻找海底可燃冰的吧。

先给地层测体温、量血压

我们到医院就诊的时候，首先要做的两件事：测体温、量血压。巧合的是，科考队在大海中寻找可燃冰的第一步也是对地层测体温、量血压。根据前面所学的知识，我们知道可燃冰只有在一定的低温高压环境中才能存在。可燃冰存在的海底水温一般为 3 ～ 15 ℃，这种情况下，可燃冰存在的必要条件是地层压力能够达到 35 个大气压以上。当海水深度超过 300 m，才能够产生足够高的压力。这就是为什么近海浅水地区没有可燃冰的根本原因之一。

那么，海水深度超过 300 m 的地方是不是地层从上到下都适合可燃冰生长发育呢？要回答这个问题，还要搞清楚海底地层温度与深度之间的关系。对于海洋水体环境，从海面到海底温度是逐渐降低的。这是因为热源来自太阳，水越深，受太阳辐射越少。然而，海底地层的温度是随着深度增加而增加的。因为热源来自地球深部地核的热辐射，越靠近地核，温度越高。科学家经过测量发现，不同的地区地层温度随深度的升高趋势（学名“地温梯度”）是不同的。显然温度越高，越不利于可燃冰形成。

知识点一

地温梯度：指地球不受大气温度影响的地层温度随深度增加的增长率。一般埋深越深处的温度值越高，以每百米垂直深度上增加的℃数表示。地温梯度越大，意味着相同深度处的地层温度越高，而根据可燃冰的存在需要低温环境的必要条件，温度越高，越不利于可燃冰的存在。因此，理论上而言，地温梯度越大的地区，可燃冰赋存底界面越浅。

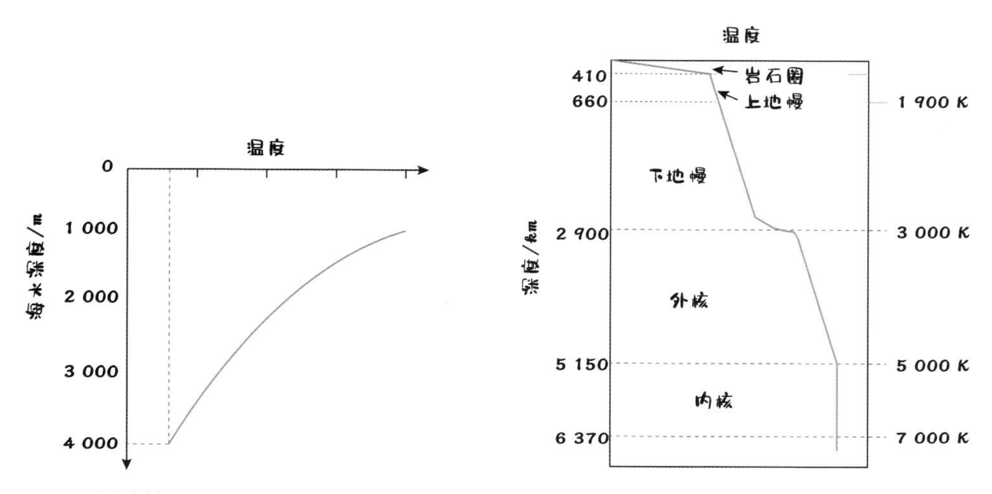

地层的“血压”是用孔隙压力来表述的。在松散沉积物中,地层的孔隙压力理论上等于地层深度与海水密度、重力加速度的乘积。它随地层深度线性增大,对可燃冰形成是一个有利条件。

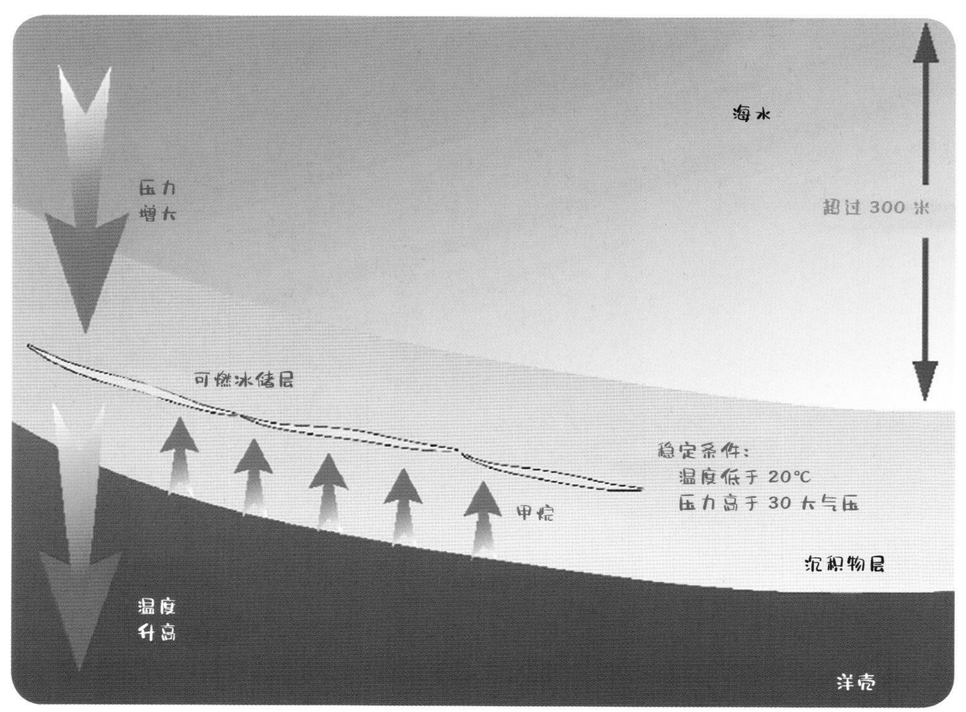

因此，从温度的角度来看，地层越深，越不利于可燃冰生成；从压力的角度，地层越深，越有利于可燃冰生成。科学家将地层的实际温度和压力随深度变化的曲线以及可燃冰相平衡稳定所需要的温度、压力曲线绘制到同一幅图里，两者的交点就是可燃冰能够存在的最深地层深度啦。一个非常严格的可燃冰稳定存在温压曲线图就是下面这样子！

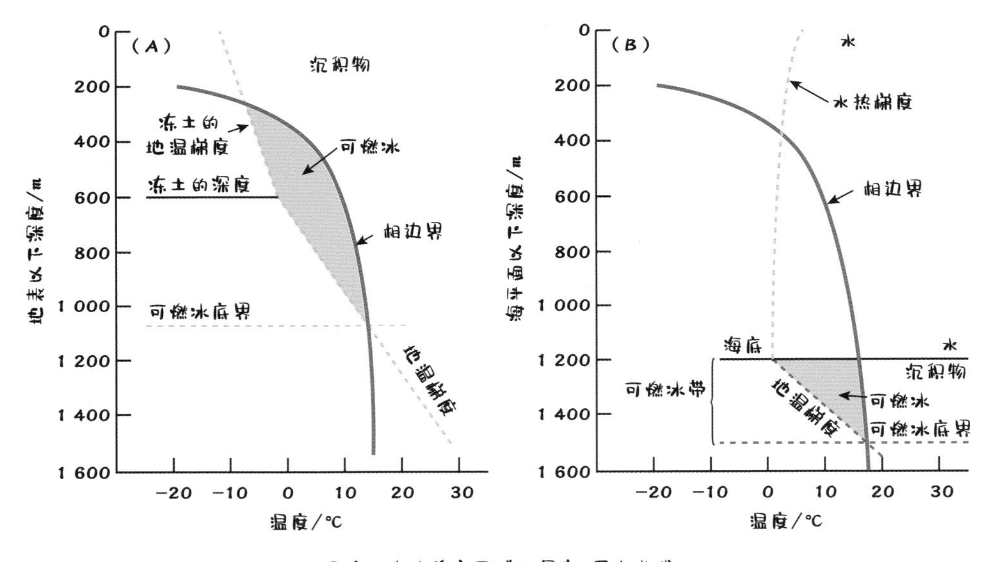

甲烷可燃冰稳定区域的深度—压力曲线
(A)永久冻土带(B)大陆边缘海洋环境

知识点二

可燃冰的相平衡曲线：温度越高，生成可燃冰所需的最低压力门槛值也会越高；同理，压力越小，生成可燃冰所需的最大温度门槛值就越小。因此，我们定义可燃冰能够稳定存在的最低压力门槛压力值随温度的变化曲线为可燃冰的相平衡曲线。相平衡曲线上的各点对应的温度和压力分别称为可燃冰的相平衡压力和相平衡温度。当地层压力低于相平衡压力或高于相平衡温度时，可燃冰就会分解变成天然气和水，此时可燃冰不能稳定存在。反之，可燃冰能够稳定存在。

黑猫也是好猫

唉，前面这幅图实在是太枯燥了，一堆线条。但是同学们别灰心，至少从这幅图中我们发现，可燃冰在地层中能够稳定埋藏的深度非常浅，仅仅是海底地层的皮毛而已。更深层的地方，由于温度高而无法生成可燃冰。正因为如此，可燃冰地层毗邻的下部往往还有一部分没有生成可燃冰的天然气。科学家将这部分气体称为“伴生气”，可燃冰和它下部的伴生气共同构成了独特的可燃冰能源系统（非常规能源系统）。那为什么说伴生气是可燃冰系统的一部分呢？它明明不是冰啊？

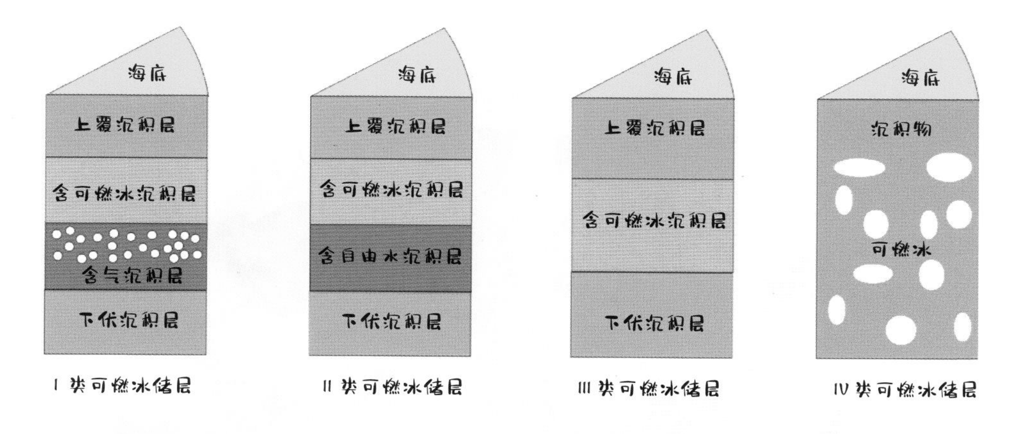

所谓“黑猫白猫，捉得住老鼠就是好猫”，同学们必须时刻牢记：我们开发可燃冰的主要目的是获得可燃冰里面的天然气。因为过饱和的天然气会与水分子“暗生情愫”，擅自结合成难以流动的可燃冰，才引发了我们后面的这一系列故事。为了获得天然气我们必须想办法拆散这对鸳鸯。如果地层中没有可燃冰，全都是处于游离状态的天然气，我们直接将其抽出，轻松又省事。所以，从能源开发利用的角度而言，可燃冰能源系统中的伴生气与可燃冰本身同宗同源，是我们开发可燃冰过程中必不可少的一部分。大家千万不要将这部分“肥肉”排除在可燃冰能源系统之外哦。

当然啦，并非所有的可燃冰系统下部都有这么肥沃的“伴生气”。

望诊可燃冰在海底的外在表现

可燃冰在海底埋藏很浅，因此在海底面造就了很多特殊的地质奇观，如海底羽状流、海底冷泉、海底泥火山、麻坑等。这些地质现象是可燃冰在地层中存在的外在“证据”。所以我们就从这里入手，探究他们与可燃冰的内在联系吧！首先带领大家认识一下海底羽状流。

同学们应该都看过鱼缸，制氧泵从缸底释放很多气泡，它们一边上升一边扩散消逝。远远看去，好像在水中变出“羽毛”的形状。其实，我们的地球母亲也经常通过各种方式呼吸，呼出的气体从海底向上喷涌，高度从几毫米到几十米甚至上千米都有，看起来就像流动的“羽毛”，于是科学家将其命名为羽状流。

羽状流形成的根本原因是地球深部形成并释放出的天然气。当天然气从地球深部渗漏到接近海底面的时候，一部分留在地层中，形成了可燃冰，另一部分比较淘气的天然气没有停下奔跑上升的脚步，跑出了地层，形成了海底羽状流。某些时候，可燃冰本身分解产气也能形成羽状流。所以，羽状流是我们判断是否存在可燃冰的重要证据之一。

此外天然气本身从地层内部向外喷涌或渗漏的过程中，还会形成一种特殊的地质现象，叫作——冷泉。小学自然课上老师曾告诉我们“万物生长靠太阳”，中学生物课告诉我们“万物生长靠氧气”，所以在我们的印象里，好像没有了太阳、没有了氧气，所有的生物就无法繁衍生息。因此，在几千米的深海中，没有氧气没有阳光，似乎应该是生命的禁区。

知识点三

海底冷泉是地球深海海底的一种极端环境。来自海底以下以二氧化碳、硫化氢或碳氢化合物（甲烷或其他高分子量的碳氢气体）为主的流体以喷涌或渗漏方式从海底溢出，温度与海水接近时，称为冷泉。

冷泉生物

然而，在几百米或上千米的深海，阳光无法达到，光合作用不能进行，在这里的海底冷泉周围，科学家发现了大量的管状蠕虫、贝类、蛤类和微生物，这些特殊的生物常年生活在“暗无天日”的环境中，靠摄入甲烷来生存，形成了独具特色的冷泉生态系统。

海底泥火山、麻坑等也是特别有意思的地质现象，为我们寻找可燃冰提供了重要的信息。如果说羽状流是可燃冰在地层中存在而使地球母亲流出的“汗液”，那么冷泉、泥火山、麻坑就是可燃冰在地球母亲皮肤表面形成的“伤疤”。无论“汗液”还是“伤疤”，都为我们提供了可燃冰诊疗“望诊”的基本依据，一旦科考人员在茫茫大海中锁定了这几种地质现象，离找到可燃冰就近了一步。

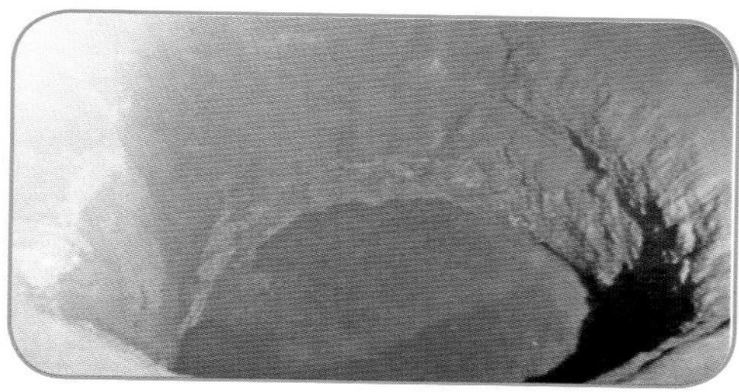

麻坑

泥火山

气烟囱

听听可燃冰的“呼吸”声

“望诊”给我们提供了寻找可燃冰的最外层信息，要想进一步了解它的状态，还需要“闻诊”。闻者，听也！同学们一定很好奇，可燃冰又不会说话，怎么听呢。秘密在于它对声音的反射与周围泥土不同，正是利用不同地层对声音的反射特征差异，科学家发明了一种“闻诊”利器——人工地震。

我们都有过这样的生活经历：在一根很长的金属管两端，一个人说话，另一个人用耳朵听，会听到两次声音，而且音色还不一样。这是因为声音在不同的介质中传播速度和振动频率都是不一样的：声音在空气中传播的速率约为340 m/s，但是在金属管中的传播速率却是空气中的十几倍。因此我们会先听到通过金属管传入耳朵的声音，之后才会听到通过空气传播的声音，形成了声音的“二重奏”。

在浩瀚的大海深处，科学家们是如何利用这种声音传播速度差异，实现倾听可燃冰的呢？显然，直接在地层里面埋放声音接收装置是非常麻烦且不方便的。于是，聪明的科学家们找到了另一种途径，那就是我们熟悉的“回声”：当声投射到距离声源有一段距离的大面积上时，声能的一部分被吸收，而另一部分声能被反射回来。由于不同的物体密度不同，对声音的吸收和反射程度也存在巨大的差异。吸收的声音能量越多，反射回来的声音能量就越少。

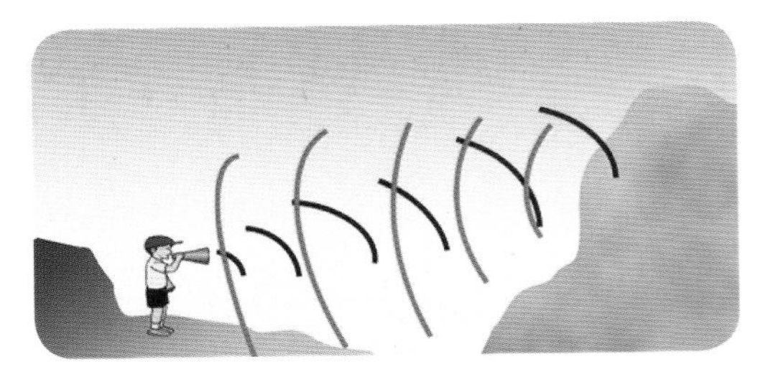

比如，我们对着一堵墙喊话，就会发现，当声音从空气进入墙体的时候，大部分发生了反射。如果我们对着一面海绵墙喊话，当声音在进入海绵的时候，反射量则非常小，大部分被海绵吸收了。由此可见，不同的物质对声音的反射强度不同。利用不同物质界面的声音反射差异就能够判断物质的内部结构啦。

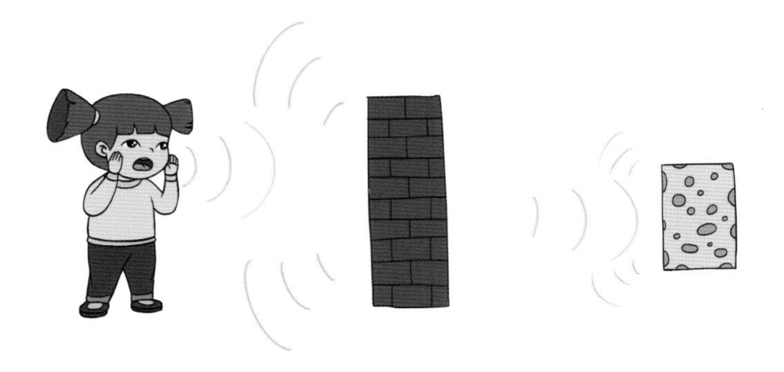

利用了声音反射现象，我们就可以把监听可燃冰“心跳”的装置放在科考船或海水里，这是不是大大提高了设备安装的便利性和探测过程的机动性呢？

人工地震正是利用声波在不同介质中传播速度、振动频率的差异，以及在不同界面上的反射特征的差异来识别地层中的信息的。

寻找海洋可燃冰的时候，人工地震的实施过程是这样的：首先主动激发一颗人工“炮”（即人工地震震源），使“炮声”传入地层，然后在离“放炮”位置一定距离的地方安装接收声波的听诊器（即检波器），这样经过地层反射后的“炮声”就能被检波器接收。最后，科学家对收集到的声音数据进行一系列的处理，根据不同位置产生的不同的反射情况来判断是否存在可燃冰。

不一样的可燃冰听诊器

那么，为什么可燃冰形成后能改变周围地层的声音属性呢？我们举个简单的例子：冬天放在室外的泥巴，一旦结冰，就会显得非常硬朗。可燃冰也起了类似“浆糊”一样的作用，把本来非常松散的海底泥巴“粘”在一起。而没有可燃冰的地层依然处于非常松散的状态，两者对声音的反射和传播差异就出现了。而且，可燃冰越多，地层冰冻得就越硬，声波传播速度也越快，与松散地层的差别也越大。因此，科研人员不仅能利用声波反射特征确定地层中是否存在可燃冰,还能利用声波反射特征确定地层中可燃冰数量的多少！大家还能想起来,前面我们介绍的表示地层中可燃冰数量的基本单位是什么吗？聪明的你一定还记得,那就是含水合物饱和度或丰度。

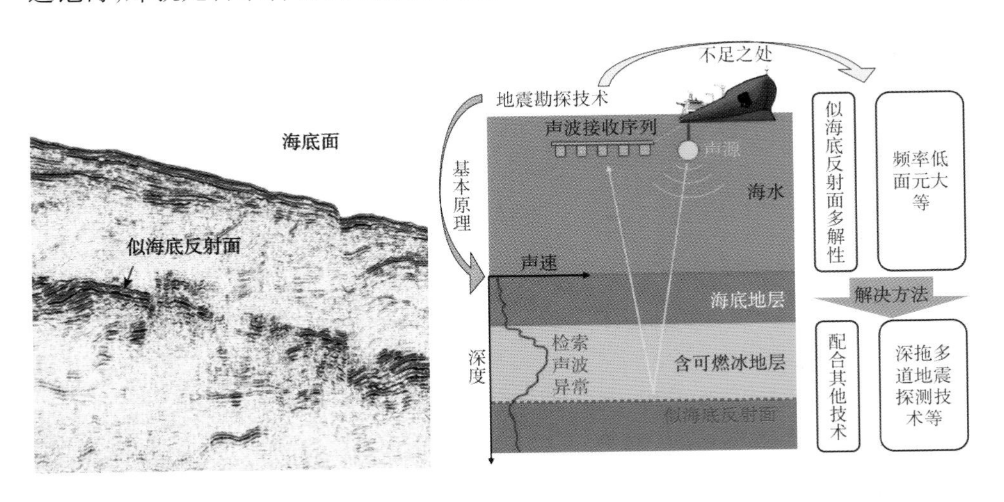

在处理声音数据的过程中,科学家发现了一个非常有意思的现象：从地震图像上看,声波从可燃冰地层进入下部游离气层所形成的反射条痕和延伸方向与海底面几乎是平行的,因此科学家给可燃冰与游离气接触界面的反射条痕起了个非常形象的名字——似海底反射面。似海底反射面是通过人工地震寻找可燃冰的重要依据之一。

目前,根据可燃冰在海底的埋深特点,已经发展了很多类型的人工地震探测方式,如单道地震、多道地震等。特别是近几年我国海洋科学考察船硬件装备不断升级,高分辨率多道地

震作为海底“CT 扫描”神器，成为寻找可燃冰的尖刀利刃。有兴趣的同学可以到科学考察船——“海洋地质九号”的现场看一看，它拥有我国目前最先进的多道地震设备。“海洋地质九号”的母港在山东青岛，每年都组织科普开放活动，相信你一定会在那里对多道地震有更深入的理解。

看了上面的内容，同学们一定明白了，人工地震实现了我们对可燃冰地层“闻诊”和“问诊”的结合，科学家利用地层中可燃冰的特殊响应主动出击，让它“开口说话”。此外，基于可燃冰导致地层导电性能降低的特点，科学家还发展了很多其他可燃冰“诊断”技术。

中西医结合，寻找可燃冰

传统中医以经验为主，寻医问药，找到病灶。而西医常用的外科手术则简单直接，立竿见影。两者都是人类医学发展的瑰宝，中西医结合能够使人类面临的疑难杂症无处遁形。

那么，在寻找可燃冰过程中的“西医”诊疗手段主要有哪些呢？这里我们仅通过两个例子来做简单的介绍，其一是抽血化验，其二是直接动手术。

海底地层里面含有大量水分，并和海水连通。由于这些水都是在地层细小的孔隙里，科学家就直接将其命名为“孔隙水”。正常情况下，孔隙水与底层海水性质相近。但是一旦有可燃冰形成，就会改变孔隙水的含盐量和离子浓度，使其与周围海水性质产生差异。这就是科学家能够通过对地层孔隙水的“抽血化验”来寻找可燃冰的原因。

可燃冰为什么能改变孔隙水呢？我们知道，可燃冰是天然气和水分子结合生成的，这意味着天然气只对水倾

知识点四

正常情况下，沉积物中的孔隙水和海水一样含有大量的盐分，在可燃冰生成条件下会排出大量的盐。科学研究发现，地层中孔隙水氯离子浓度随可燃冰饱和度的增加而增大。因此可以依据地层孔隙水中氯离子浓度的大小来判断地层中是否存在可燃冰以及可燃冰量的多少。

心，视水中蕴含的其他物质为敌人。因此，天然气融入水分子怀抱生成可燃冰的时候，会把海水中的各种盐分赶出家门，导致残留在地层的孔隙水盐浓度越来越大，科学家将这种现象叫作“排盐效应”。

此外，天然气与水生成可燃冰后并不是牢不可破的，它们很多时候也会争吵打闹，这时天然气分子就会跑去别的水分子那里，导致孔隙水中的天然气含量增加。因此，只要我们收集一些孔隙水水滴，探测一下它们的天然气含量，如果含量非常高，也就意味着地层下部可能存在可燃冰。

同学们能自己总结一下科学家通过对地层“抽血化验”寻找可燃冰的具体化验指标吗？

知识点五

海底表层沉积物中的甲烷含量通常很低，但是下部存在可燃冰的时候，甲烷含量会比背景值增大成百上千倍，并随着深度的增加而指数增大。

给地层做微创手术

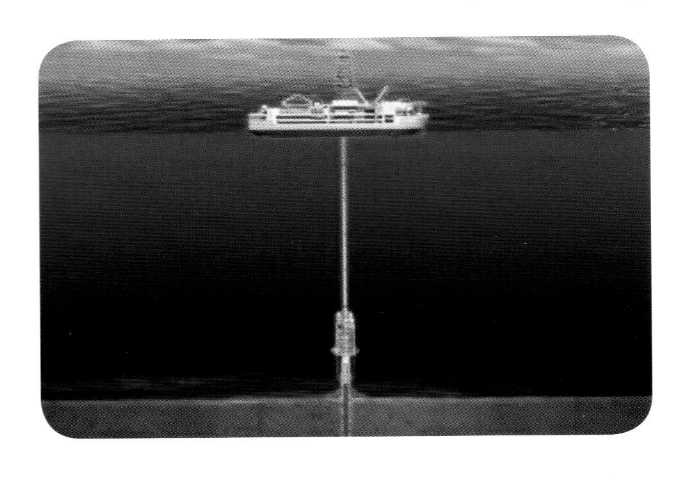

我们讲了这么久，还是没有看到货真价实的可燃冰啊！就像尽管通过望闻问切推测皮肤下面某处发生了疾病，也通过西医的抽血化验证实可能存在疾病，但是想要亲眼看到皮肤下面的病变究竟是什么样子的时候，就必须动手术啦。钻探技术就是对可燃冰地层所做的微创手术。通过钻探能够获取实际海底地层中的可燃冰样品，精确锁定可燃冰的埋藏深度和范围，这可是寻找海洋可燃冰的杀手锏。

哇，原来寻找可燃冰的过程和我们中西医结合看病的原理是相通的啊。这么说来，寻找可燃冰的海洋地质学家们就是不折不扣的海洋地质医生啦。通过望闻问切等一系列的诊断措施确定“病灶”的基本范围，然后通过抽血化验正式确认病灶，最后通过钻探取芯的方式获取可燃冰样品。

图片来源：https://www.usgs.gov/media/images/gas-hydrates-marine-sediments-indian-ocean

海上皇宫——科学考察船

不过,介绍了这么多可燃冰探测技术方法,它们是怎么应用到水深上千米的茫茫大海中的呢? 这可要归功于海洋科学考察船啦! 海洋科考船是承载可燃冰探测技术的平台,也是其他海洋科学现场研究的舞台。这里就为大家介绍两艘已经在海洋地质调查领域"战功赫赫"的科考船吧。

第一艘是"业治铮"号调查船,这是以我国已故著名海洋地质学家业治铮院士命名的海洋地质科学调查船,是青岛海洋地质研究所投资建造的专业海洋地质科学考察船。2005年投入使用,总吨位620吨,长57 m,宽8.8 m,定员36人。该科考船配备有多波束测深系统、海洋重力测量系统、海洋磁力测量系统、单道地震测量系统及多种具有科学考察仪器和设备。可承担海岸带及近海单波束、多波束、侧扫声呐、浅地层剖面及地质取样工作。在海洋可燃冰调查中,这些技术手段都可以大显身手。

这里要为大家介绍的第二艘海洋科考船就是我们之前提到的“海洋地质九号”,“海洋地质九号”以短道距地震电缆二维(三维)多道地震为主,集地球物理测量、水文环境测量和地质取样技术等为一体,是一条全球无限航区的海洋科学考察船。2017 年 12 月 28 日入列以来,“海洋地质九号”分别赴中国东海、南海、黄海以及西太平洋海域完成了大量的国家科考任务。“海洋地质九号”入列伊始就肩负着青岛海洋地质研究所几代海洋地质科技工作者的梦想,肩负着中国地质调查局党组“建设世界一流新型地质调查局”的部署,肩负着自然资源部党组提出的“引领深海探测国际科学前沿”的目标,更肩负着党的十九大提出的“加快建设海洋强国”的重任。这艘海洋科学考察船的吨位是我们提到的“业治铮”号调查船的 8 倍多,可以满足全球各个海域的可燃冰能源调查。

当前海洋科学调查技术的发展日新月异,更高效、更精确的可燃冰探测技术正不断涌现,未来寻找可燃冰的事业大有可为。同学们,你们准备好了吗?海洋强国建设的步伐已经迈开,未来可期,我们等着你的加入!

5 钻冰取火

天然气奋力逃脱“五指山”的压迫

可燃冰是埋在深海里的一块瑰宝，时时刻刻吸引着科学家们想方设法地去得到它。因为一旦实现了可燃冰的商业化开采，我们在短期内就不用为化石能源不够用而烦恼了。

有人误认为可燃冰开采是把它们直接从海底挖出来，像挖煤挖矿那样。其实不然，别忘了可燃冰是个调皮的家伙，非常不稳定，挖掘过程不但破坏环境，还会引起很多麻烦。所以，现阶段比较可行的办法是在海底原位环境下“唤醒”沉睡的可燃冰，让固态可燃冰自己“融化”变成可以流动的天然气和水，再想办法把其中的天然气抽取

出来，从而实现开采能源的目的，这类开采方法被称作原位分解法。

那么，怎么做才能够让可燃冰乖乖地分解呢？这就要利用可燃冰特殊的生活环境了。在前面的章节中我们已经知道：天然气和水结合生成可燃冰的必要条件就是同时满足低温和高压环境。为了诱发可燃冰的分解，人类想到的第一个办法当然是：反其道而行之。温度和压力就像可燃冰的两翼，只要择其一破坏，可燃冰笼子就会自动瓦解，被笼子所束缚的天然气自然就会被释放出来，这两种分别通过人为改变地层的温度和压力条件引起可燃冰分解的方法分别被叫作降压法和热激发法。

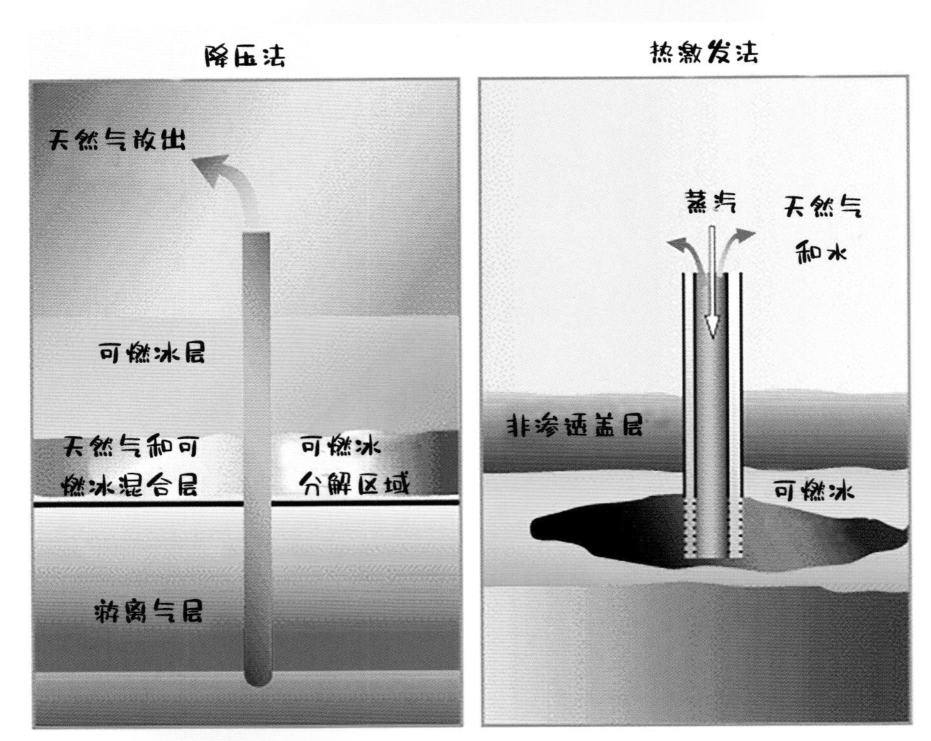

其实，尽管天然气被长期“囚禁”在水分子形成的笼子里，但是它那调皮好动的本性却丝毫没有消退，就像活泼好动的孙悟空被拘禁在五指山下一样，随

时想要逃跑。可燃冰周围巨大的压力就是束缚天然气的五指山，一旦压力卸掉，气体分子就会冲破可燃冰的牢笼向外逃逸。这就是降压法开采可燃冰的基本原理。

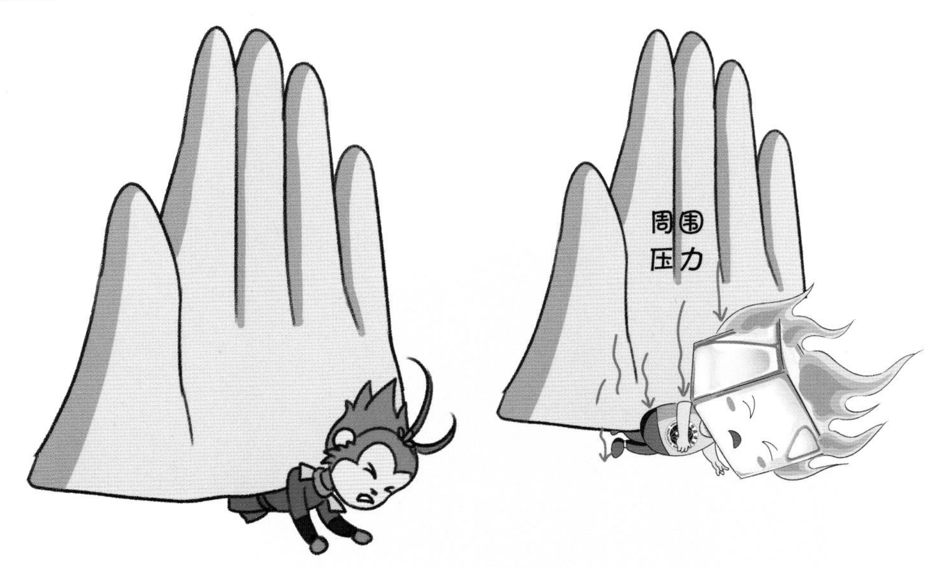

降压法是一种“只获取、不付出”的方法，即不需要向可燃冰地层中添加任何外来物，因此看起来成本应该比较低。特别是在离岸较远的深海区域，降压法目前被认为是最经济的可燃冰开采方法。当然啦，要回报，首先必须付出，这是亘古不变的真理，虽然从短期的可燃冰试采来看，降压法比较省钱，但是也不一定是长久之计。如果地层就像一个活生生的人体，那么可燃冰就是地层身上的肉，地层压力就像存在于人体的力。一味的攫取就会导致地层身心俱疲，最终没了肉、也没了力气，就没法可持续发展，后面的路，自然也就没法走下去了。所以，在表面看起来低成本开发的背后，如何及时弥补降压法开采过程中地层的能量亏空和物质亏空，将是降压法开采可燃冰面临的主要瓶颈。

同理，“热激发法”瞄准的则是影响可燃冰稳定条件的另一个重要因素——温度。只要周围温度升高，原先在可燃冰笼子里冬眠的天然气就会苏醒，活蹦乱跳，导致水分子形成的笼形结构毫无招架之力，自然就会散架。因此，温度足够高的时候，固态可燃冰就会“融化”重新变成气体和水。

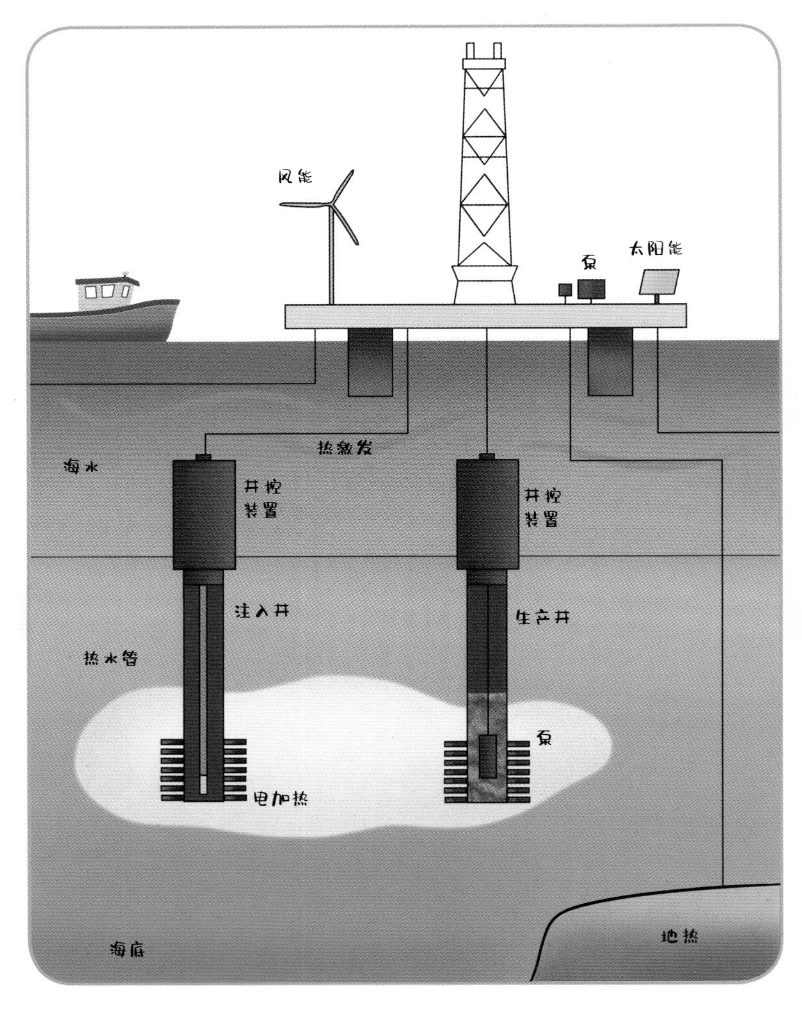

科研人员提出了不少实现“热激发”的方法，最直接的一种是向地层中注入热（盐）水，热水可以从钻井平台加热，也可以利用海底深部的地热进行加热；另外一种是通过井下直接加热设备进行刺激，比如电加热、微波加热等方法；科学家还提出了一种原位燃烧的方法，将可燃冰分解出的天然气的其中一

部分采集走，剩下一部分在地层中直接点燃，用燃烧生成的热量刺激周围的可燃冰继续融化。虽然看起来“热激发”的种类多样，可在实际测试过程中效果并不是十分理想，热量的传递效率较低、成本较高是制约这种方法应用的主要原因。科学家们更偏向于将热激发作为降压法的一种辅助手段，发挥两种方法各自的优势，进一步提升可燃冰的开采效率。

降压法和热激发法都是通过改变可燃冰生存的外界环境，“攻破”可燃冰的笼子，从而释放天然气。

从内部瓦解“敌人”的动力

那么，有没有一种办法，能从内部瓦解可燃冰笼形结构呢？大家肯定想到了如下的场景：北方冬天高速公路上经常会结上厚厚的冰棱，给老百姓的出行带来诸多麻烦。要让冰棱融化，最好是气温升高，但这在漫长的冬季显然是不可能的。于是，交警叔叔想到了一种从“敌人内部”瓦解冰棱的办法：撒盐。另外，我们经常会看到淡水湖里的水在冬天会结冰，但是海水很难结冰，其实就是海水中的盐起了非常重要的作用。

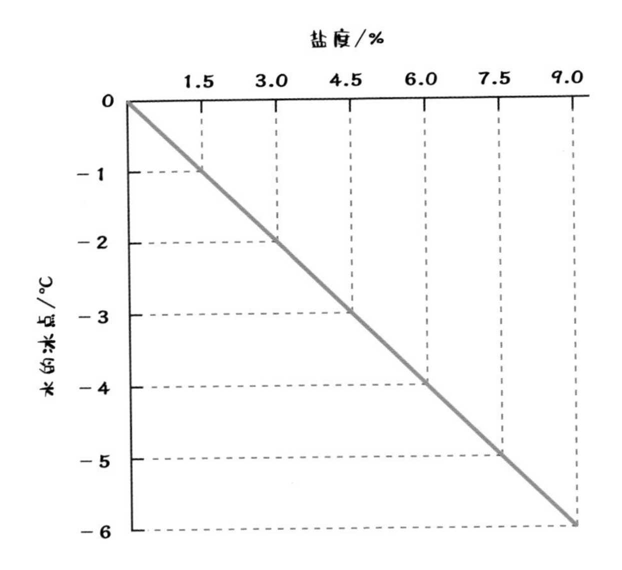

在上述场景中，盐在融化冰棱过程中扮演了重要的角色，正所谓“卤水点豆腐、一物降一物”，盐的出现打破了冰棱中水分子之间的作用力，相当于形成了一层“润滑油”，使水分子之间的结合力减弱，于是发生融化。其实，可燃冰也是一样的道理，可燃冰的笼子是由一个个水分子手拉手构成的，如果我们找到一种恰当的化学药剂，让笼形结构连接处的作用力降低，就会给天然气创造“逃逸”的机会，这种通过注入化学剂使可燃冰分解的开采方法叫作化学剂注入法。化学剂注入法也有许多不同手段，常见的化学试剂有甲醇和乙二醇，它们都能破坏可燃冰中水分子拉起的小手。

近年来，科研人员找到了很多种能够让可燃冰分解的化学药剂。其中目前比较“时髦”的化学剂是氧化钙，也就是我们常说的生石灰，将生石灰通过一定的手段注入到可燃冰地层，不仅能够从内部瓦解可燃冰分子，更重要的作用是氧化钙能够与孔隙水反应放出大量的热量，热量能够用于加热地层，进一步促进了可燃冰的分解。科学家将这种能够与储层物质反应产生热量促进可燃冰分解的物质统称为自生热材料。但遗憾的是，注入这些试剂不仅价格昂贵，还会对海底环境造成污染，因此并不是一种很好的选择。

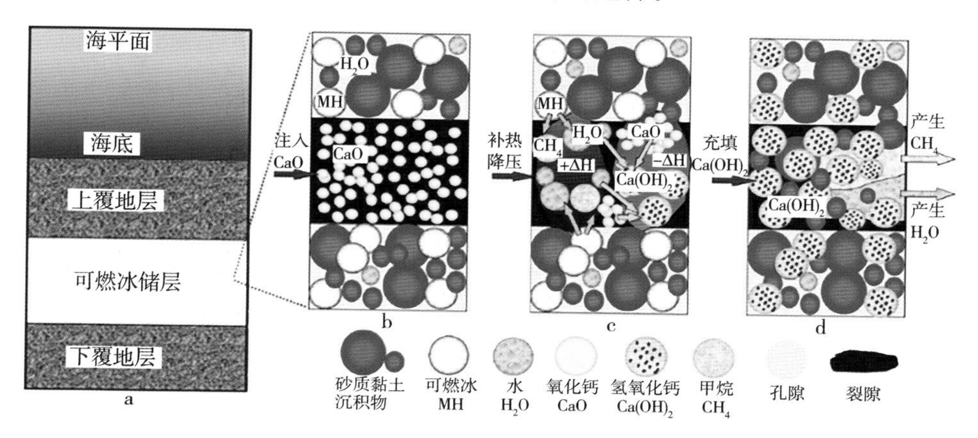

二氧化碳大用处，一石二鸟可开冰

另外，不知大家是否还记得前面在“知微见著”一章中请大家独立思考的问题呢？“如果在可燃冰主体框架结构内填入一些特殊功能的客体分子，是不是可以有特殊的用途呢？”这个问题的答案，在此揭晓：有很多气体可以到水分子手拉手形成的空间里做客，并且不同的气体与水结合生成水合物的条件是不一样的，其主要原因是：不同气体的活跃程度不同，对水分子的“好感”也不同。正因如此，如果多种气体同时存在的时候，水分子当然喜欢与那些性情温顺的客体分子结合（其实，这也是科学家利用水合物进行气体分离的基本原理），即使原来已经被迫与天然气结合生成了可燃冰，但一旦有更温顺的气体出现，笼形结构便会毅然决然地抛弃天然气，选择新的客体分子。而二氧化碳，正是那个比天然气更温顺的气体。

图片来源：李守定等．工程地质学报．2020

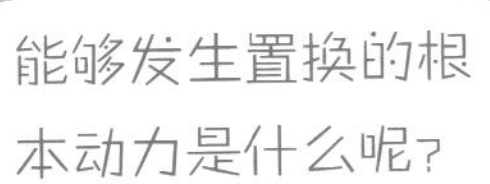

于是，科研人员根据笼形结构对二氧化碳和天然气的选择性，提出了“二氧化碳置换”开采可燃冰的方法。所谓置换，就是通常说的“鸠占鹊巢”，二氧化碳是斑鸠，天然气是喜鹊。这种方法对人类而言可谓一石二鸟：其一，二氧化碳本身是一种温室气体，它被注入到地层后自动进行“偷梁换柱”，将可燃冰笼形结构中原本由天然气形成的四梁八柱从笼形结构中踢出去，自己充当了新的四梁八柱，达到了埋存二氧化碳的目的；其二，被踢出去的天然气分子自然是人类的最爱，实现了开采可燃冰的目的。正是这种“偷梁换柱”，使得人类和可燃冰地层皆大欢喜，一个获得了能源，一个维持了稳定（水合物在地层中具有支撑地层，维持地层稳定的作用）。

说时容易做时难，尽管二氧化碳置换法看起来非常棒，但也面临着不少困难。首先，空气中本身的二氧化碳含量非常低，深远海的可燃冰地层距离陆地非常远，陆地工厂产生的二氧化碳很难运输到现场供可燃冰开采使用。除此之外，既然二氧化碳是横刀夺爱，硬生生地将天然气从可燃冰地层中挤出来，那么随着这种过程的持续，天然气也会“反抗”，导致二氧化碳置换天然气的速率变慢。并且二氧化碳水合物的存在也影响了天然气自由流动产出的通道，导致天然气无法顺畅地产出，因此二氧化碳置换开采效率是目前该方法在可燃冰开采中应用的最大制约因素。

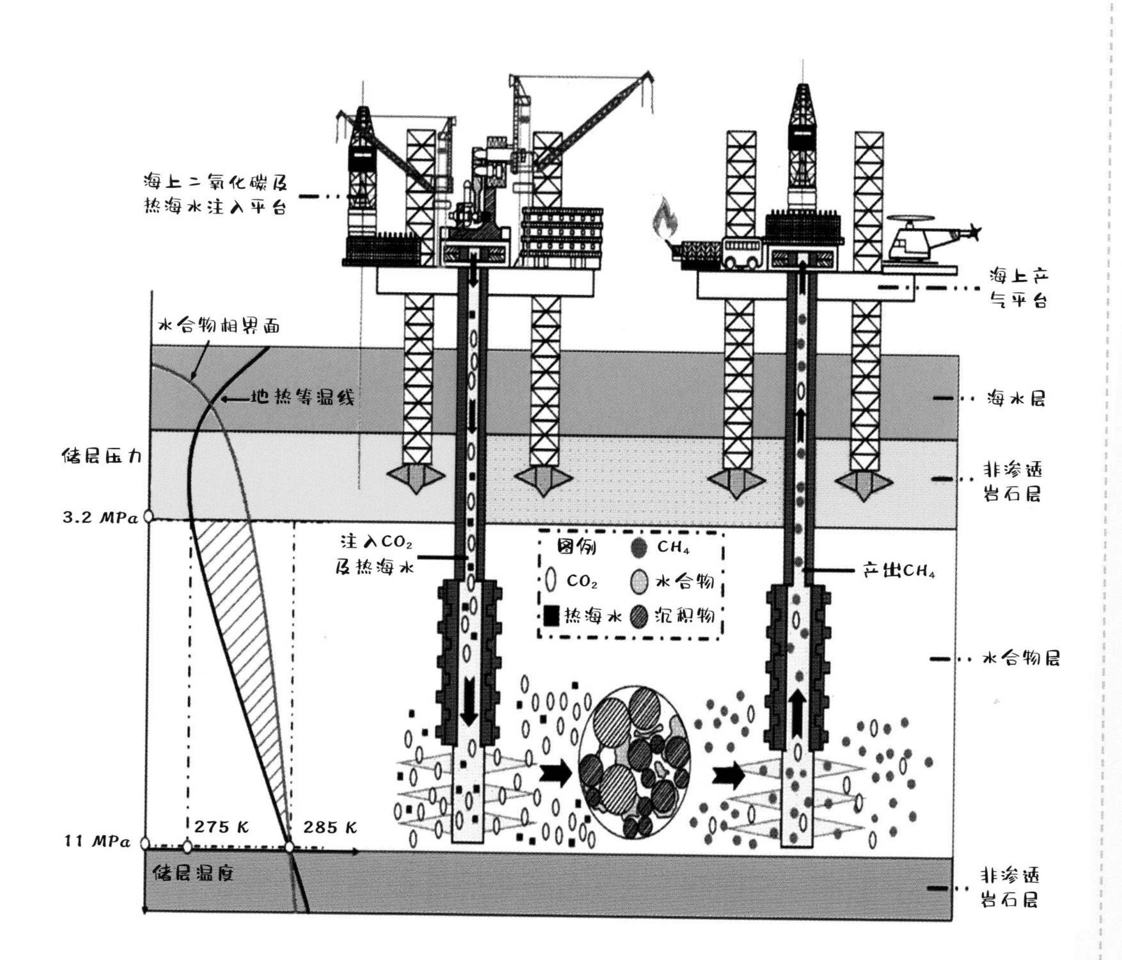

这里我们做个小结，通过上面的学习，我们知道了开采可燃冰的四种方法：降压法，通过降低压力破坏可燃冰存在的稳定条件；热激发法，通过温度升高破坏可燃冰存在的稳定条件；化学剂注入法，通过注入化学药剂，让笼形结构连接处的作用力降低，给天然气创造逃逸机会；二氧化碳置换法，用二氧化碳顶替天然气，使天然气得以逃离。

茫茫大海立井架，顺藤摸瓜收集天然气

随着科技的进步，越来越多的可燃冰开采方法被提出，但无论如何，其基本原理无外乎以上四种，可谓“万变不离其宗”。那么，这些方法在深海环境中是如何实现的呢？其实，目前并没有颠覆性的可燃冰开采技术，现有的海洋可燃冰开采技术都是基于常规深水石油天然气开采的基本方法展开的，因此可以称其为“常规深水油气开采方法的改良版”，改良版方案的第一步仍然是利用深水钻井平台在可燃冰地层中钻一口直径通常小于300 mm的井，这口井就构成了连接可燃冰地层与开采平台的唯一通道。无论是降压、热激发、注化学剂还是二氧化碳置换，都必须以这口直径非常有限的开采井为基础做工作。

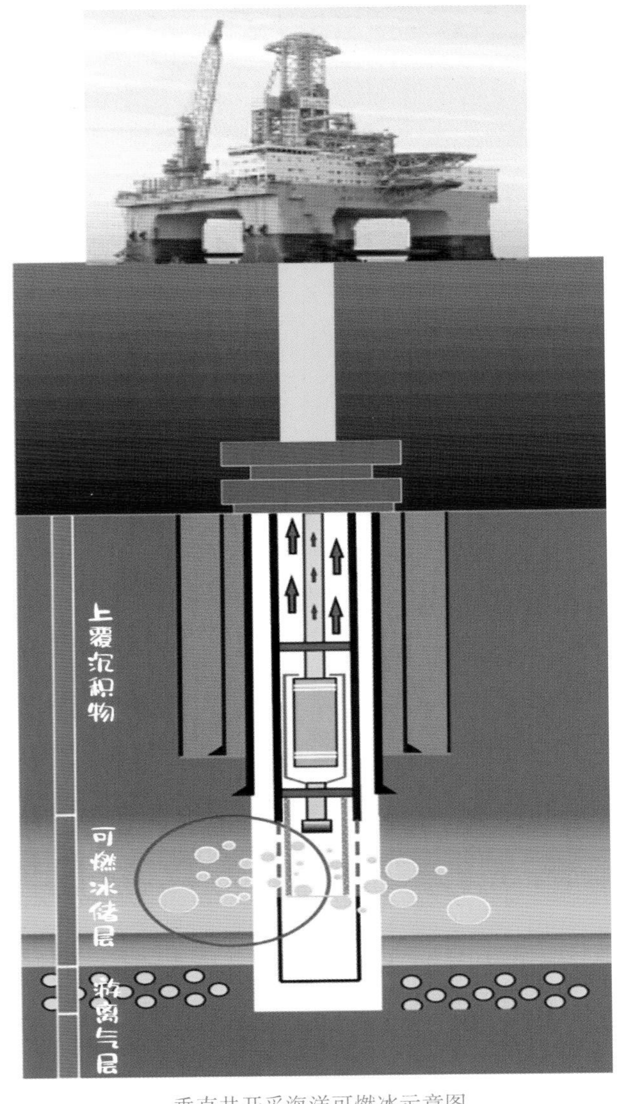

垂直井开采海洋可燃冰示意图

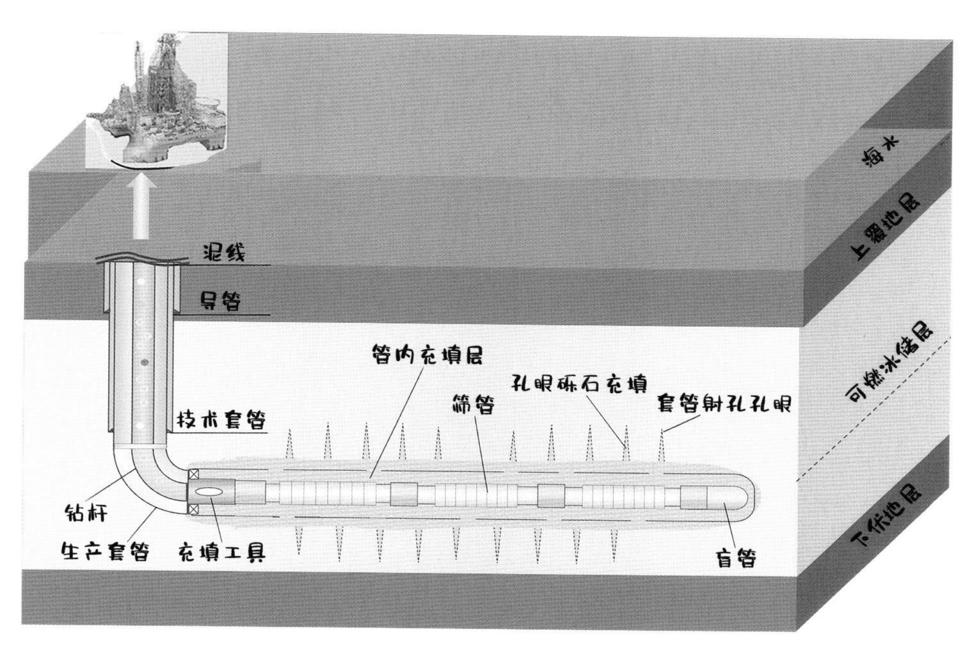

水平井开采海洋可燃冰示意图

如此说来，钻冰取火比石油开采复杂多了，需要克服层层挑战，除了需要设计先进的方法，还需要克服现场实施过程的很多工程技术问题。深海可燃冰大多在海底表面或者泥面以下较浅的位置埋藏，上面是一层松软的泥土，水下工程实施就好像踩在棉花上干活一样，随时有摔倒的可能。另外，可燃冰本身是没有任何流动性的固体，在海底不均匀分布，很难像抽油或者抽气一样简单地开采出来。必须使用特殊的技术方法和设备才有可能成功。

再长的路，坚持走下去，总会胜利。经过二十余年的不懈努力和持续攻关，这些困难正在被我们国家优秀的科学家们逐一解决。2017 年和 2020 年，在中国地质调查局的主导下，我国先后成功开展了两次海域可燃冰试开采，在南海神狐海域破冰取火，并且创下了“产期总量、日均产气量”等多项新的世界纪录。你想知道他们是怎么做到的吗？那么下面我们分别聊聊开采可燃冰所用的技术方法和海上如何现场操作。

万事俱备，只欠东风

首先，利用各种调查手段给特定区域的海底做一个全面的体检，描绘出海底表面以下几百米的范围内可燃冰的分布状态，这样就能优选出适宜开发可燃冰的具体位置。这些信息会帮助工程师们制定一系列具体的工艺流程，就像开战前准备“作战计划”一样。另外，工程师还要调用很多气象资料来预测施工地点的天气情况，尽量避开台风天气，不然会给海上作业带来巨大的安全隐患。在苍茫的大海里面，就算是航空母舰那么大的船也小得像一片树叶，无法抵御大风大雨和惊涛骇浪，更别说在上面工作的人了。所以出发前的准备工作真的要细心周全。这一“作战计划”的部署过程，就是工程师们口中的专业术语“试采准备”。

当一切准备就绪以后，我们的半潜式钻井平台就可以起航了。同学们可能还不了解什么是半潜式钻井平台，它可以看成是我们开发深海能源的航空母

舰，是一艘长得像堡垒的巨型船舶。上面既有钻探用的高塔、工作用的库房、研究用的实验室，还有人员办公和起居用的生活区。开着它能够在远离陆地的大海上连续工作很久。另外，半潜式钻井平台能够依靠先进的动力定位系统精准地保持位置，堪比东海龙宫里的定海神针，一般的风浪都无法把它吹动。

知识点一

海洋钻井平台是人类开发海洋油气资源的一切技术、装备、人员的载体。海洋钻井平台主要包括：坐底式钻井平台、自升式钻井平台、钻井浮船和半潜式钻井平台。其中，半潜式钻井平台是目前最先进的、适应水深最深的一种钻井平台，我们目前所熟知的“海洋石油981”“蓝鲸一号”等都是半潜式钻井平台。

比如，我们国家2017年在首次海域可燃冰试采中所用的“蓝鲸一号”平台，是当前全球最先进的双钻塔半潜式钻井平台，平台长117 m、宽92.7 m，高118 m，最大作业水深3 658 m，最大钻井深度15 240 m，可以说是半潜式钻井平台中的“战斗机”。承担2017年我国首次海域可燃冰试采也是这艘巨无霸建成后执行的第一个任务，是国之重器与重大工程紧密结合的典范。

平台到达预定地点之后，就要开始钻井作业，就如同我们要喝椰子里面的果汁，得先在椰壳上钻出一个小洞，才能插入吸管享用美味的椰汁。可是想从海面穿过一千多米的海水进行钻探，可不像喝椰汁这么简单。且看科学家如何出招制服。

通过钻塔把一节一节短的钻杆组装起来，一边组装一边向海底延伸……当钻杆与海底表面接触后，就要启动钻井平台上的钻机，带动长长的钻杆转动，像电钻一样插入海底。

小朋友们在沙滩玩耍的时候会发现，自己挖的沙坑很容易就被海水冲刷填平了。我们在海底钻出的井眼也要防止遭到变形和破坏，因此要在钻井的过程将不同粗细的套管插入钻孔，并且在套管外围和钻孔形成的环空之间用水泥固化，套管就好像给井眼加了一层结实的墙壁，并且用水泥和周围的泥土牢牢地粘在一起，这样井眼不但稳定了，内部还预留了空间，可以安装各种可燃冰开采需要用的设备。工程人员通常将一节节套管和对应的水泥根据不同的深度、直径和作用构成的组合称之为井身结构。根据实际需求，井身结构的类型和参数不同。典型的井身结构主要由导管、表层套管、油层套管和各层套管外的水泥环等组成。

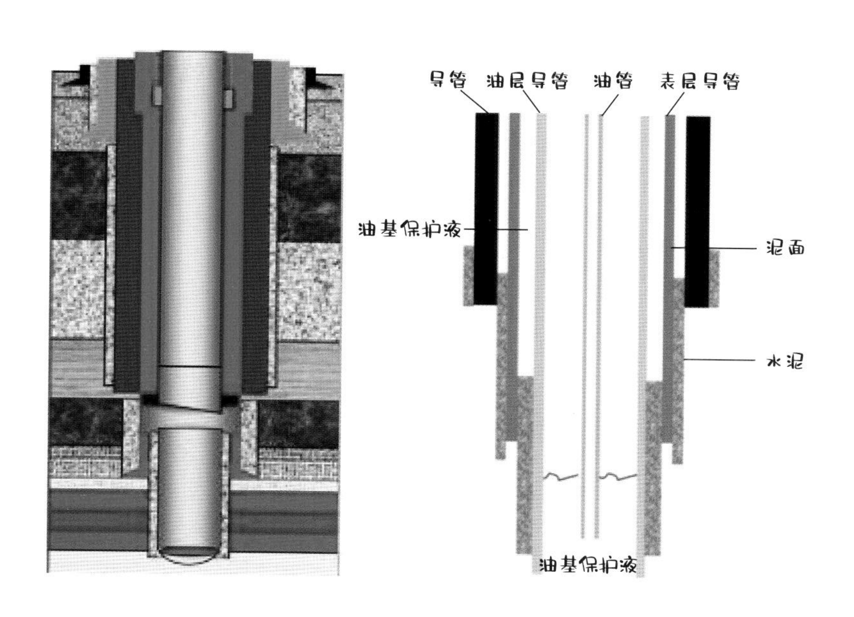

井眼虽小，五脏俱全

那井筒里面需要哪些设备才能够开采可燃冰呢？最重要的一个是电潜泵，它启动后会产生巨大的吸力，把地层中的水抽出输送到海面上，这样可燃冰就会因为环境压力降低而融化，释放出的天然气也会被电潜泵吸入井筒，最终输送至钻井平台保存。

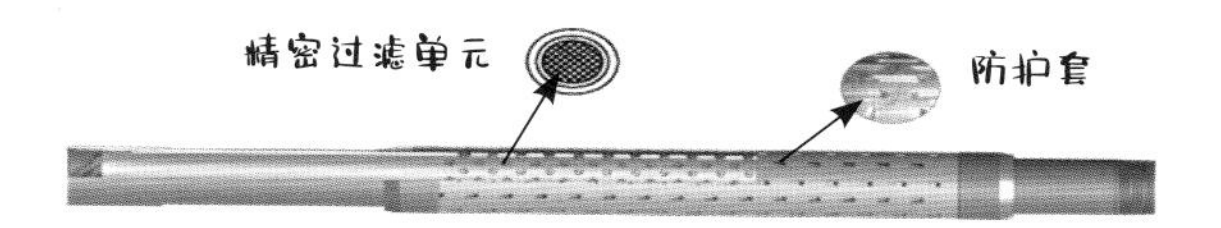

电潜泵就像一个巨型吸尘器，把周围的东西全都吸进来，这其中当然也包括井筒周围的泥土。可是泥土一旦争先恐后地涌入，就会把井筒塞满堵住，直接导致开采失败。泥土也会对电潜泵的机械部件造成巨大的损伤。因此，必须采用有效的手段防止泥沙进入井筒，这就是可燃冰开采中另一件至关重要的设备——防砂工具。防止砂砾进入井筒的工具有很多，包括机械防砂和化学防砂

等类型，但其本质原理是类似的，通过防砂工具在井筒外形成特定疏密程度的过滤层，通常是好几层过滤，像过筛一样把砂子挡在外面。

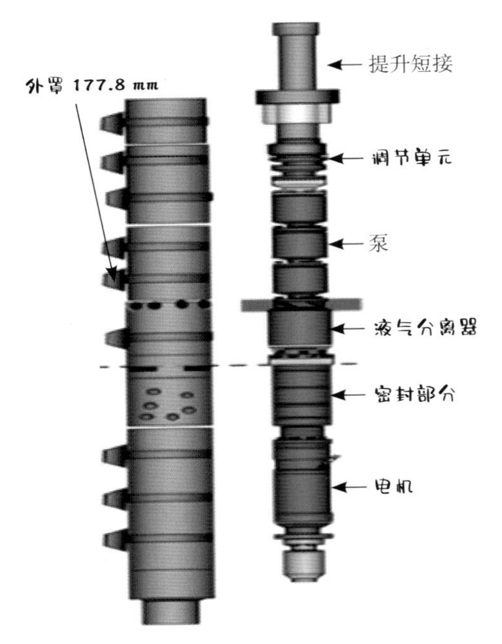

罐装电潜泵系统

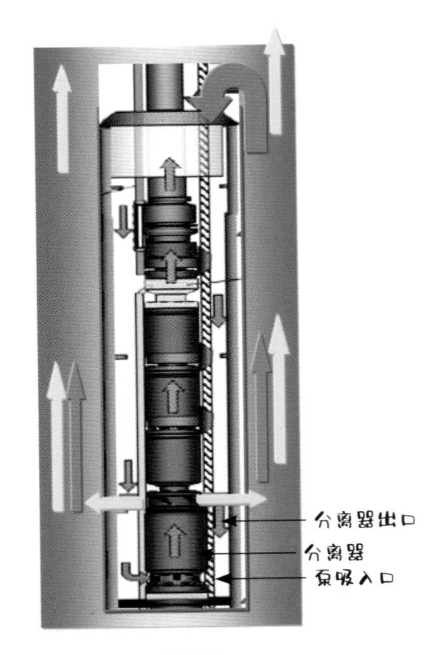

电潜泵

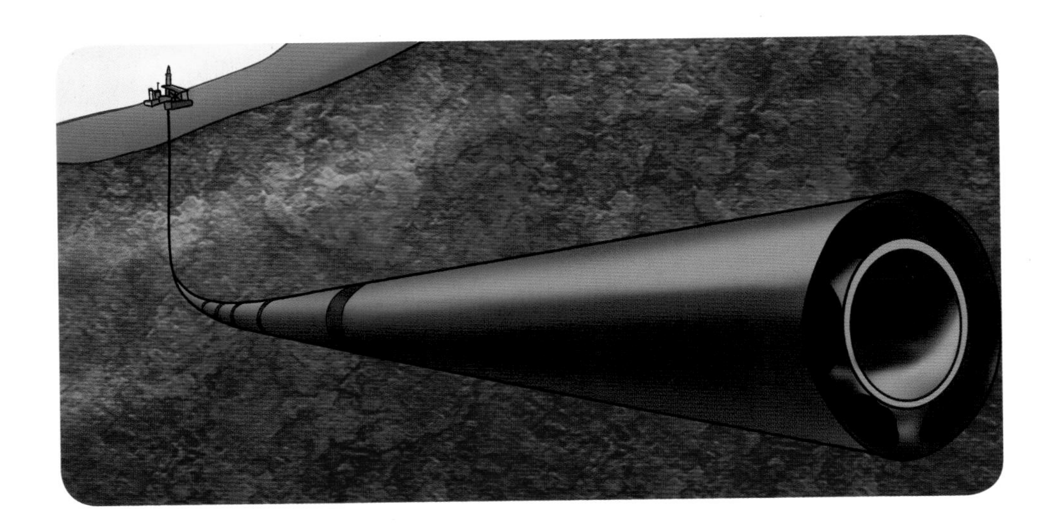

做好防砂工作之后，电潜泵吸入井筒的东西就主要是天然气和地层孔隙水了，为了更方便地收集天然气，电潜泵还具备气液分离功能。气液分离主要借助气体和水的密度不同这一特点，密度大的水在下层，密度小的气体在上层；然后再利用高速旋转的分离器，像洗衣机甩干一样进一步把气体中的水分去除。

分离好的天然气和水在井筒内通过不同的通道被运输至钻井平台，通过地面设备进一步处理后就能完美地收集到可燃冰所释放出的天然气，达到了开采能源的目标。

可燃冰开采的长途跋涉，才刚刚开始

同学们，经过上面的介绍，我们对可燃冰的原位分解方法和野外施工过程都有了直观的认识。可是要知道，前面所讲的基于海洋油气开采法的改良方案开发可燃冰主要针对的是埋深在 100 m 以上的肉眼不可见的孔隙分散型可燃冰。然而,海底还有很多埋藏只有十几米或几十米范围的可燃冰,这些可燃冰的特点是呈零散块状散落在海底,那这部分可燃冰能源能够通过深水油气开采方法的改良版实现吗?

要回答这个问题,首先我们需要弄清楚以下几个概念:首先,埋深越浅,意味着地层越软,对于常规深水油气开采而言,在坚硬的岩石上钻孔并维持钻孔不塌不漏,是比较容易的。但是对于浅层可燃冰储层而言,在这种地层中钻孔就像“豆腐块上钉钉子”。豆腐块在钉子的作用下随时可能垮塌,且钉子的走向难以控制,因此目前也基本无法实现这类可燃冰储层中钻井方位的控制。这就好比发射导弹,一旦导弹方向无法控制,后果将是灾难性的;此外,这类可燃冰地层比较浅,几乎与海水相通,所以直接用大功率电潜泵抽取地层中的天然气和水也变得不现实,茫茫大海,何时能把海水抽干啊!

如此说来,这些大块大块的浅表层可燃冰不太容易被原位分解,前面所讲的常规深水油气开采方法的改良方案在面对这样的可燃冰地层时,显得束手无策。

于是,我国科研人员目前正在集智攻关,提出了很多开采这类可燃冰的概念模型,获得了国家专利和国际专利的双重保护。尽管这些方法目前只停留在室内研究阶段,还没有应用于实践,但在未来占领可燃冰开发技术制高点中的

作用是不可忽视的。那么,同学们能不能根据前面的论述,提出自己的开发浅层可燃冰的技术思路呢?

特許証
(CERTIFICATE OF PATENT)
特許第6542995号
(PATENT NUMBER)

発明の名称 (TITLE OF THE INVENTION)　海洋シルト質貯留層天然ガスハイドレートにおける多分岐孔の限定されたサンドコントロール採取方法

特許権者 (PATENTEE)　中華人民共和国山東省青島市市南区福州南路62号
国籍・地域　中華人民共和国
青島海洋地質研究所

発明者 (INVENTOR)　呉能友
李彦龍
胡高偉

その他別紙記載

出願番号 (APPLICATION NUMBER)　特願2018-528718
出願日 (FILING DATE)　平成29年11月14日(November 14, 2017)
登録日 (REGISTRATION DATE)　令和　1年　6月21日(June 21, 2019)

この発明は、特許するものと確定し、特許原簿に登録されたことを証する。
(THIS IS TO CERTIFY THAT THE PATENT IS REGISTERED ON THE REGISTER OF THE JAPAN PATENT OFFICE.)

令和　1年　6月21日(June 21, 2019)

特許庁長官
(COMMISSIONER, JAPAN PATENT OFFICE)
宗像直子

特許証
(CERTIFICATE OF PATENT)
特許第6694549号
(PATENT NUMBER)

発明の名称 (TITLE OF THE INVENTION)　シルト質海洋天然ガスハイドレート砂利呑吐採掘方法及び採掘装置

特許権者 (PATENTEE)　中華人民共和国山東省青島市市南区福州南路62号
国籍・地域　中華人民共和国
青島海洋地質研究所

発明者 (INVENTOR)　劉昌嶺
李彦龍
陳強

その他別紙記載

出願番号 (APPLICATION NUMBER)　特願2019-507240
出願日 (FILING DATE)　平成30年　4月19日(April 19, 2018)
登録日 (REGISTRATION DATE)　令和　2年　4月21日(April 21, 2020)

この発明は、特許するものと確定し、特許原簿に登録されたことを証する。
(THIS IS TO CERTIFY THAT THE PATENT IS REGISTERED ON THE REGISTER OF THE JAPAN PATENT OFFICE.)

令和　2年　4月21日(April 21, 2020)

特許庁長官
(COMMISSIONER, JAPAN PATENT OFFICE)
松永明

证书号第3634119号

发明专利证书

发明名称:一种水合物砂浆体系耦化分离装置及分离方法
发明人:李彦龙;吴能友;刘昌岭;陈强;李承峰
专利号:ZL 2018 1 1486812.6
专利申请日:2018年12月06日
专利权人:青岛海洋地质研究所
地址:266000 山东省青岛市市南区福州南路62号
授权公告日:2019年12月17日　　授权公告号:CN 109403944 B

国家知识产权局依照中华人民共和国专利法进行审查,决定授予专利权,颁发发明专利证书并在专利登记簿上予以登记。专利权自授权公告之日起生效。专利权期限为二十年,自申请日起算。

专利证书记载专利权登记时的法律状况。专利权的转移、质押、无效、终止、恢复和专利权人的姓名或名称、国籍、地址变更等事项记载在专利登记簿上。

局长
申长雨

2019年12月17日

第1页(共2页)

其他事项参见背面

同学们,我们国家用了短短二十多年的时间,就在可燃冰勘探与开发领域取得了跨越式的进步,从跟跑其他发达国家变成领跑世界,这与国家政策的大力支持密切相关,也是科学家、工程师们辛勤钻研的结果。但距离可燃冰资源走进千家万户,服务国家建设,还有很长的路要走,还有很多的难题要解决。

一份挑战,一份机遇,可燃冰研究中的磕磕绊绊还是科技创新的最佳机遇。而作为可燃冰能源研究的青年人,我们将继续站在巨人的肩膀上,矢志创新,为我国可燃冰能源事业添砖加瓦。

中共中央　国务院
对海域天然气水合物试采成功的贺电

国土资源部、中国地质调查局并参加海域天然气水合物试采任务的各参研参试单位和全体同志：

在海域天然气水合物试采成功之际，中共中央、国务院向参加这次任务的全体参研参试单位和人员，表示热烈的祝贺！

天然气水合物是资源量丰富的高效清洁能源，是未来全球能源发展的战略制高点。经过近20年不懈努力，我国取得了天然气水合物勘查开发理论、技术、工程、装备的自主创新，实现了历史性突破。这是在以习近平同志为核心的党中央领导下，落实新发展理念，实施创新驱动发展战略，发挥我国社会主义制度可以集中力量办大事的政治优势，在掌握深海进入、深海探测、深海开发等关键技术方面取得的重大成果，是中国人民勇攀世界科技高峰的又一标志性成就，对推动能源生产和消费革命具有重要而深远的影响。

海域天然气水合物试采成功只是万里长征迈出的关键一步，后续任务依然艰巨繁重。希望你们紧密团结在以习近平同志为核心的党中央周围，深入学习贯彻习近平总书记系列重要讲话精神特别是关于向地球深部进军的重要指示精神，依靠科技进步，保护海洋生态，促进天然气水合物勘查开采产业化进程，为推进绿色发展、保障国家能源安全作出新的更大贡献，为实现“两个一百年”奋斗目标、实现中华民族伟大复兴的中国梦再立新功！

中共中央

国 务 院

2017年5月18日

6 采冰卫士

前面的章节我们已经详细介绍了可燃冰是什么、在哪里、怎么找、如何开发等问题，那么接下来，就和同学们聊一下那些开采可燃冰过程中遇到的麻烦事儿。这就是我们上一章提到的“出砂”。

失去可燃冰的沉积物，就像一盘散沙

一般情况下，海底浅部地层非常松散，可燃冰像个胶水，通过胶结凝固作用使地层形成一个整体，给我们造成一种非常“硬”的直观感受。含可燃冰地层的这种“硬”在学术上是用抗剪强度和剪切模量两个参数来表征的。可燃冰在地层中的饱和度（丰度）越高，对松散泥砂沉积物的胶结作用越明显，抗剪强度和剪切模量也就越大。

知识点一

材料的抗剪强度和剪切模量：剪切模量反映材料抵抗剪切变形的能力，模量大，表示材料的刚性强。抗剪强度反映材料抵抗剪切破坏的能力，是材料剪断时产生的极限强度。

一旦可燃冰在开采过程中分解为气体和水，地层失去可燃冰这个“胶水”的黏合，重新变得像海绵一样，就像失去了骨架的房屋，随时可能会被压缩变形。因此，随着可燃冰的分解，地层也可能产生严重的错位变形，使一部分泥砂颗粒从骨架上剥落下来。同时，可燃冰分解释放出来的气体和水在流动过程中，也会将储层中松散的细砂颗粒带出去，这就是可燃冰开采过程中的“出砂”现象。

可燃冰开采过程中的出砂是可燃冰开采面临的主要工程地质问题之一，它是指由于工程作业和地质环境等综合因素造成完井段附近地层破坏，导致地层泥砂剥落、运移、产出，并对可燃冰生产造成不利影响的现象。

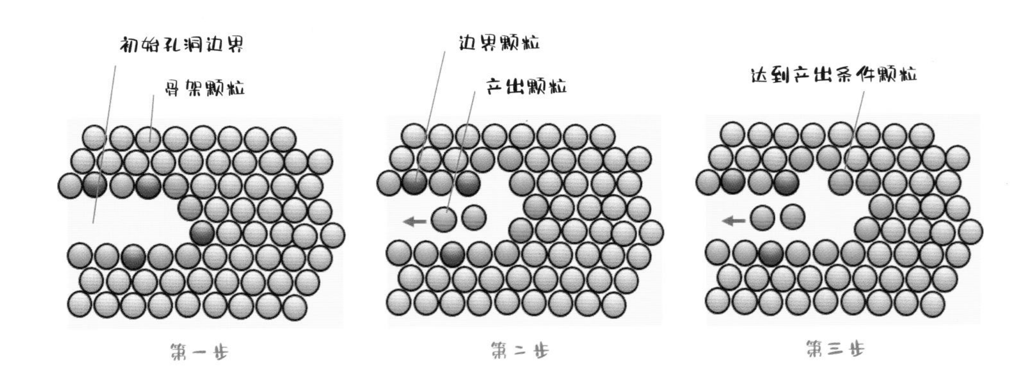

砂粒高速撞向设备

大家可千万别小看出砂过程，它对可燃冰开采的危害是非常大的。为什么这么说呢？有一句俗语叫作水滴石穿，别看石头很硬，只要水有坚强的毅力，总有一天可以滴穿石头。在我国西北荒漠地区，偶尔能见到形状怪异的奇石，这种奇石的形成原因就是大风裹挟黄沙长期冲刷石头壁面造成的。风速越快，对岩石的切割和改造作用就越明显，风中裹挟的黄沙加剧了对岩石的冲刷，使得岩石很快被破坏。

对可燃冰开采而言，出砂的影响可不像“不知细叶谁裁出，二月春风似剪刀”那般温婉可亲。海底可燃冰开采时，必须通过钻井（直径通常小于300 mm），井里面必须安装大功率电潜泵等各种贵重的机械设备，才能将可燃冰分解的天然气抽出地

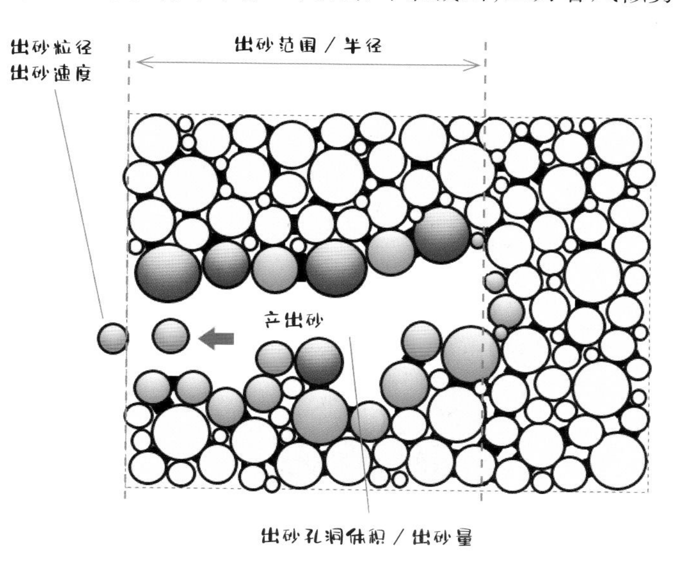

层。生产时井筒的天然气流速高达上百米每秒，超过了家用小轿车的速度，用这么快速度的泥砂流正面冲击机械设备，那简直就是“高速撞车”，再坚硬的设备也很快被冲毁。

知识点三

海洋可燃冰开采过程中井底设备的冲蚀破坏主要是指，由于地层产出的高速流体裹挟地层的固相颗粒（主要是泥砂）正面冲击井底设备，导致井底设备磨损并最终失效。

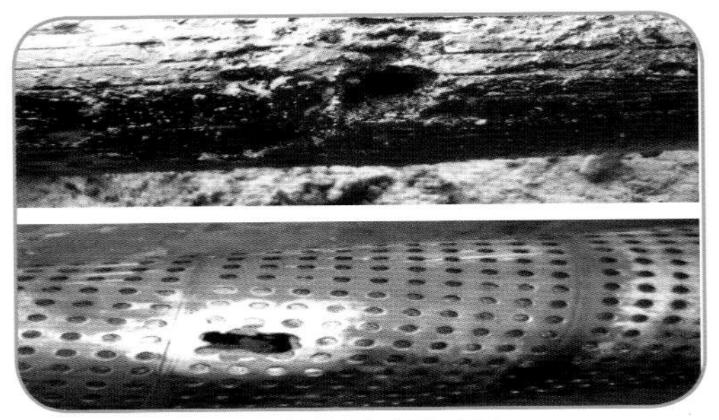

井口管柱被冲蚀破坏

工程师们早就发现，地层出砂导致的冲蚀破坏将严重降低可燃冰开采井中设备的使用寿命，直接导致开采失败。

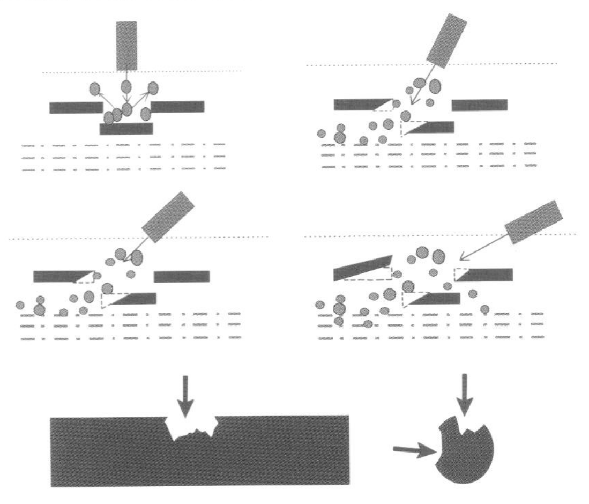

形形色色的冲蚀破坏过程

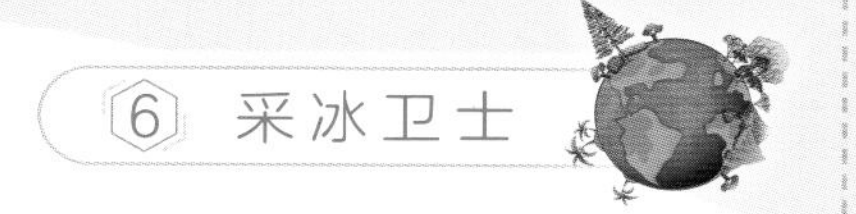

可燃冰开采道路上的“马路杀手”

为了挡住出砂这个“马路杀手”对井筒中各种设备的损坏,研究人员用上了十八般武艺。那么接下来,我们就来领略一下这十八般武艺究竟是如何制伏“马路杀手”的,每一项武艺又有哪些致命的弱点呢?

你还能想象出出砂带来的其他对可燃冰开采的不利影响吗?

出砂会不会将我们的可燃冰开采井直接埋了呀?

出砂会不会导致可燃冰地层塌了呀?

出砂对可燃冰开采有没有可以加以利用的方面呢?

在可燃冰开发研究初期，人类被出砂问题打了个措手不及，比如加拿大2007年在冻土带马利克地区开展的可燃冰试开采，在仅仅30小时的试采周期内产出了2立方米的地层砂，如此下去，可能用不了两天，整个可燃冰开采井都会被砂子堵死。开采团队碰了一鼻子灰，被迫中断了可燃冰试开采。2013年，日本在其南海海槽开展了全球首次海域可燃冰试采，在前5天正常开采，但是在第6天的时候，发生大量出砂，当时试采使用的“地球号”钻探船不具备大规模处理地层出砂的能力，试采工作又不得不终止。全球经历的数次可燃冰试开采，几乎每一次都遇到了出砂的问题，出砂问题不仅是井底设备的马路杀手，更是可燃冰开采道路上的拦路虎。

控砂筛管走马上任

所谓“吃一堑，长一智”，在不断地与拦路虎斗争的过程中，科学家总结了一系列可燃冰地层的出砂规律，掌握了出砂机理，提出了出砂的防控措施。其中第一招，当然是设置障碍，阻挡拦路虎的进一步侵入。于是，控砂筛管走马上任。

控砂筛管是一种机械管柱，它的主要作用是阻挡地层内部的泥砂流入井筒，从而保护井筒内部的机械设备。那么，控砂筛管究竟是如何阻挡“马路杀手”的入侵呢？

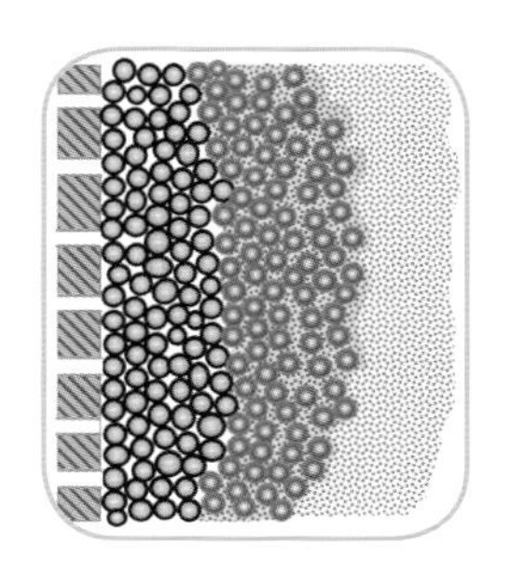

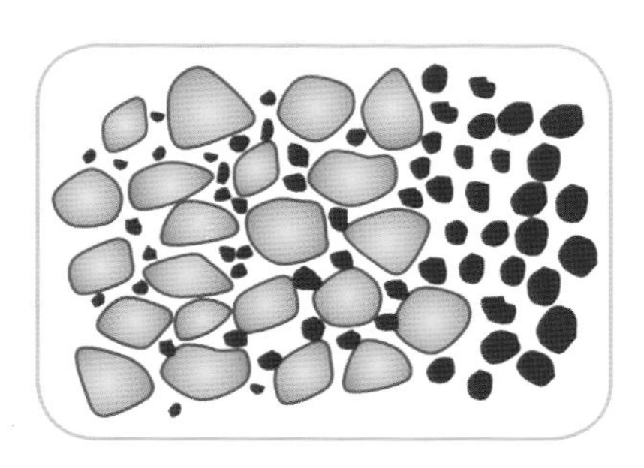

控砂筛管的原理类似于我们家用纯净水过滤器中的滤芯：阻挡杂质，保证干净的水正常流出。控砂筛管一方面阻挡地层大颗粒流出，使地层能够维持基本的构架；另一方面保证可燃冰分解产生的天然气和水能够顺利地进入开采井内部。可以说控砂筛管就是可燃冰开采的滤芯，滤芯的类型和性能的优劣，直接决定了可燃冰开采周期的长短。

由于控砂筛管必须安装在上千米水深以下的海底井眼中，工作环境严酷，极易受到损坏。因此，工程技术人员需要花大力气解决如何加强控砂筛管耐用性的问题。目前，开采可燃冰用的控砂筛管一般具有三层结构：滤网、基管和保护罩。滤网是控砂筛管的核心。为了防止发生弯曲变形，还要在滤网内部安装一根钢管。钢管上按照一定的布局方式打出孔眼，以供流体进入井筒内部，它被称作控砂筛管的基管。同时，为了尽可能保护滤网免遭冲蚀破坏，通常要在其外围包裹一层保护罩。保护罩用自己的身体挡住高速泥砂流的冲击，从而延长了控砂筛管的寿命。

筛管的剖面结构图

打死了拦路虎,形成了堰塞湖

那么,能否将“杀手”拦截,首先就取决于滤网孔眼尺寸与地层泥砂颗粒的相对大小了。虽说滤网孔眼越小,挡砂效果越好,但问题是:孔眼尺寸越小,意味着天然气和水穿透控砂介质时的阻力就越大,这可是我们不想看到的结果。

科学家用“表皮系数”这个概念来定量表征可燃冰开采井控砂介质对天然气生产的影响。滤网孔径越大,表皮系数越小,越有利于天然气和水的产出流动。因此,对于控砂过程而言,地层出砂和天然气流通就像一对势不两立的亲兄弟,永远在打架。控砂筛管夹在其中左右为难,所以必须采用非常艺术的手段,摸清它们的脾气,改善两者的关系。科学家的一项重要工作,就是综合考虑控砂筛管的挡砂特征和气体流通特征,选择恰当的控砂筛管滤网孔眼,进行“控砂精度设计”。

知识点四

表皮系数,是表示井的完善程度的一个无量纲系数,是评价可燃冰开采井近井地带污染程度及储层伤害的一个重要技术指标,井筒周围的泥浆污染、脏物堵塞,会使井底阻力系数增加,产气能力下降。

控砂筛管是地层流体流入井筒的最后一套关卡

同时,控砂筛管的“副作用”是随着时间而加剧的。我们可以联想一下家里的纯净水过滤器。刚开始的时候滤芯内部非常干净,过滤效果好。但随着使用时间推移,水中的泥砂、铁锈、悬浮微粒等杂质逐渐侵入滤芯内部,堵塞里面的流通通道,久而久之,滤芯就会被堵塞失效。可燃冰开采井中的筛管在挡砂的同时,也会不可避免地发生泥砂颗粒的堵塞。在极端情况下,控砂筛管堵塞会形成可燃冰分解气体流通的“堰塞湖”。堵塞程度越严重,堰塞湖效应越明显,可燃冰开采的产能下降越明显。计算结果表明,控砂筛管的被杂质堵塞后,可能导致可燃冰开采产气能力下降50%以上。如此巨大的产能损失,对可燃冰开采可以说是灾难性的。

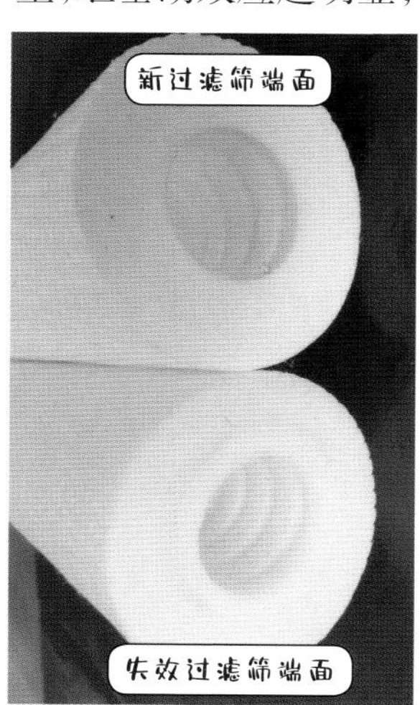

机械管的堵塞失效过程类似于净水器滤芯的堵塞过程

小步慢跑，防止堰塞湖的形成

那么，在实际操作中，如何防止“堰塞湖”的形成呢？这要从挡砂筛管的微观堵塞机理与生产制度之间的关联性讲起。

如果将控砂筛管的网孔看作一扇门，这扇门的宽度是一定的。如果来了一个比门还宽的胖子，那毫无疑问，他自然是过不去的，他应该很识趣，也就不会往门框里面挤。但是如果来了一些比门宽度窄的瘦子，就一定都能过去吗？答案是：不一定！瘦子一个一个通过，会非常顺利；几个瘦子一起同时通过，可能会有点挤，但也可以勉强通过；但是当更多的瘦子试图一次性通过门框的时候，不仅没法通过，还会卡在门框中间，进退维谷，门框就会被堵得水泄不通。

挡砂的过程就像上面这个故事。那些大颗粒将被挡在筛管外面，不会造成堵塞，反而是那些小颗粒，试图穿过控砂筛管。当细小的泥砂颗粒进入挡砂介质并以团簇形式堆积而无法流通的时候，就会造成筛管堵塞。可以看出，对于筛管防堵塞而言，患小不患大。

那么有没有一种方式能让这些个小不点儿有次序地通过，不要拥挤呢？答案是肯定的，但实现是困难的！具体原因如下：

泥砂颗粒能从地层中进入筛管，是因为有一定的驱动力。开采过程中，可燃冰分解产生的天然气和水会流入井筒，在此过程中对地层的泥砂颗粒产生摩擦拖曳作用，流体速度越快，单位时间内拖曳携带进入井筒的泥砂越多。

因此，要保证泥砂通过控砂筛管的时候不至于过度拥挤，必然需要控制气和水从地层流入到井筒的速率。降低流体流速意味着降低天然气的产量：从开采可燃冰的角度，采用“小步慢跑”的开发模式能够有效防止控砂筛管快速堵塞失效，从而延长可燃冰开采周期。

如此看来，控砂筛管使出浑身解数来抵御外敌入侵的同时，也成了敌人攻击的第一目标，随时可能面临被堵塞、冲蚀的风险。所以现场工程技术人员在工作中需要根据实际情况排兵布阵，不仅要选择最佳的控砂精度，还要选择那些抗堵塞能力和抗冲蚀能力都很优秀的精兵悍将才能够取得胜利。这个选择精兵悍将的过程，就是对控砂方式的选择。

以大防小，就像大鱼吃小鱼，小鱼吃虾米

除了前面提到的控砂筛管，能够抵御地层泥砂入侵的方式还包括砾石充填控砂、微生物固砂、化学固砂等。其中微生物固砂和化学固砂的主要思路是变被动防守为主动进攻，通过向地层中注入微生物或化学剂，将可能运移到井筒的松散泥砂提前固结起来。这种思路听起来非常前卫，但是在可燃冰地层里，重新将颗粒直径极小的泥砂固结起来肯定会造成更大的附加表皮系数，对可燃冰开采效率影响很大。虽然我们不能排除随着未来技术的发展，微生物固砂和化学固砂能大有所为，但在目前技术条件下，不仅会导致可燃冰开采效率降低，还可能引起地层环境污染，暂时不值得提倡。

那砾石充填控砂又是什么意思呢？回想一下我们前面学习过的玻璃球堆积模型：玻璃球堆积后一定会残留一些孔隙空间，玻璃球的直径越大，孔隙空间的直径也就越大。如果我们能够将大颗粒砾石填入井筒周围，形成一个环形筛子，这个环形的筛子就能起到筛网的作用，从而达到控砂的目的。

砾石充填往往是和控砂筛管一起配合使用的。在可燃冰开采时，首先将外径小于井眼内径的控砂筛管下入井底，然后将大颗粒的砾石注入到控砂筛管和井壁之间的环形空间，形成了一套环柱形的挡砂屏障。这道屏障像是给防砂筛管穿上了防弹衣，给井筒防砂上了“双保险”，这样，在面对泥沙侵袭时会更加安全，也更加有效了。

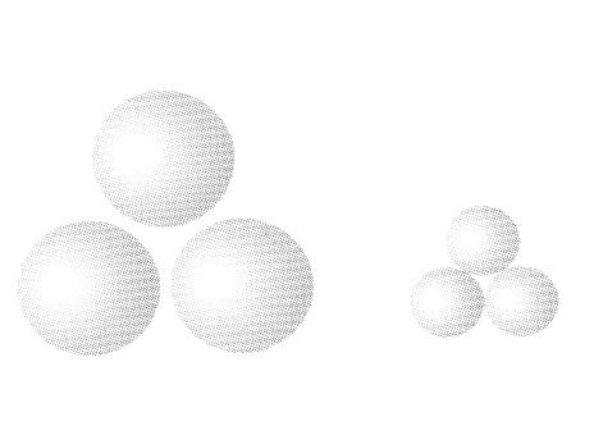

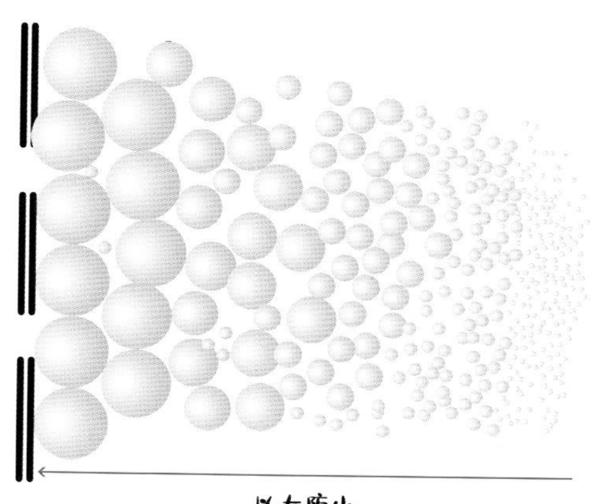

同学们，说到这里你们可不要以为控砂工作就可以高枕无忧了。地层泥砂是不会轻易束手就擒的。开采可燃冰的井筒就是充填的砾石层的“作战区域”，因此，无论地层有多大，充填砾石层都是在这个小小区域内消灭地层出砂的。然而可燃冰本身在地层中的存在是占据一定空间的，可燃冰分解产出后会在地层中留下大量大小不一的孔洞，砾石层为了继续充填，不得不扩大“作战区域”，但由于“兵力”有限，扩大防线的同时难免出现防守薄弱的区域，再加上重力作用，上部砾石不断向下聚集，造成上层防护越来越弱，给了“杀手们”可乘之机。它们在水气的裹挟下快速通过砾石层顶部的防守真空区，直接冲击内部的控砂筛管，情况严重时会直接导致控砂失效。

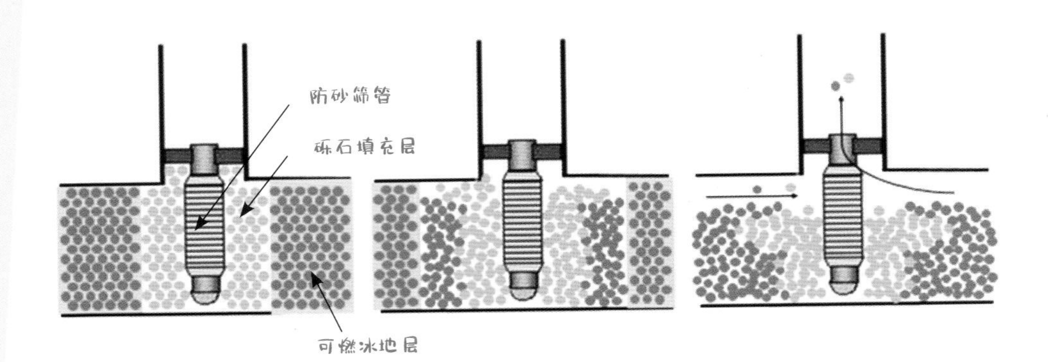

人类在可燃冰的开发历史上数次遇到这种危机，比如，2013 年日本实施的全球首次海域可燃冰试采，就是因为控砂失效而失败。

为了加强防守，工程师也使出了浑身解数，“预充填控砂筛管”就是其中一件新法宝。它的基本原理是：将原有控砂筛管中的筛网介质换成大颗粒砾石，在基管和外保护罩之间紧密填充大颗粒砾石，这样做既解决了常规控砂筛管容易被冲蚀破坏的问题，又解决了砾石过渡沉降亏空的出现。我国于 2017 年在南海开展的首次海域可燃冰试采，正是采用了这种防守模式，取得了非常好的应用效果。

预充填筛管示意图

为了防止砾石层“作战区域”的不断扩大，工程师还想出了另外一种巧妙的办法。“赤壁之战”的故事相信同学们都耳熟能详：大战前夕，长期在北方生活的曹操大军没有水上作战经验，操船能力极弱。于是有人建议曹操用铁链将所有的船绑在一起，形成“水上陆地”。这一做法给诸葛亮借东风火烧曹营提供了便利，在当时的环境下肯定是愚蠢的。但是，就防守地层泥砂的砾石层而言，如果能通过一定的化学手段使颗粒之间连接起来，是不是就能够提防由于单个颗粒本身蠕动沉降导致的“防守真空”呢？有科学家提出，采用特殊的化学工艺处理大颗粒的砾石层，使其在特定的温度压力环境下能够相互黏在一起。并且化学剂还可以膨胀，把一部分砾石层向外围挤压扩展，人工制造出一道与井壁紧密贴合的、相互黏在一起的环柱状砾石层，从而解决了由于砾石蠕动沉降导致的亏空。

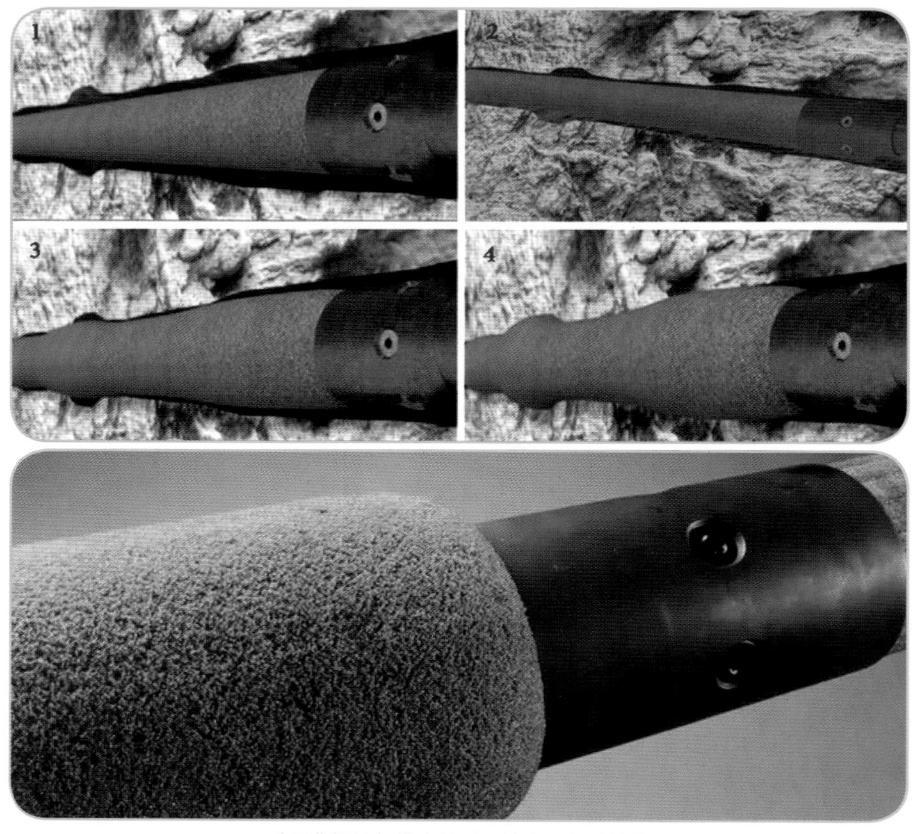

采用曹操链船模式的砾石填充型控砂筛管

要想战斗力强，仍需新兵的补充

无论是在砾石层外围添加保护罩还是采用曹操链船模式将砾石层颗粒相互黏在一起，都能在可燃冰开采初期解决砾石层过度蠕变沉降失效的问题。可是可燃冰开采是一场持久战，时间越久，损耗越大，而这两种方式所提供的“兵力”是固定不变的（即两种方法放入开采井的砾石量是一定的），我们是不是应该有新的“兵源”补充呢？

所谓“问渠那得清如许，为有源头活水来”，在原有常规砾石充填控砂工艺的基础上，根据砾石层沉降量计算出失效的临界周期，然后按照一定的时间间隔向井筒中补充一定量的新砾石，不就相当于补充“兵源”了吗？一旦有了新的力量，砾石充填控砂的战斗力自然就恢复了。基于这种思路，我们提出了“砾石吞吐置换开采海洋可燃冰”的方法，获得了多项国家发明专利授权。这些技术有望成为未来可燃冰开采“战场”的生力军。

证书号第3339767号

发明专利证书

发明名称：粉砂质海洋天然气水合物砾石吞吐开采方法及开采装置

发明人：李彦龙；吴能友；胡高伟；刘昌岭；孙建业；李承峰

专利号：ZL 2017 1 0940908.4

专利申请日：2017年10月11日

专利权人：青岛海洋地质研究所

地址：266000 山东省青岛市福州南路62号

授权公告日：2019年04月16日　　授权公告号：CN 107869331 B

国家知识产权局依照中华人民共和国专利法进行审查，决定授予专利权，颁发发明专利证书并在专利登记簿上予以登记。专利权自授权公告之日起生效。专利权期限为二十年，自申请日起算。

专利证书记载专利权登记时的法律状况。专利权的转移、质押、无效、终止、恢复和专利权人的姓名或名称、国籍、地址变更等事项记载在专利登记簿上。

局长
申长雨

2019年04月16日

第1页（共2页）

证书号第3336679号

发明专利证书

发明名称：一种海洋天然气水合物砂浆置换开采方法及开采装置

发明人：刘昌岭；李彦龙；吴能友；陈强；孟庆国；刘乐乐

专利号：ZL 2017 1 0941289.0

专利申请日：2017年10月11日

专利权人：青岛海洋地质研究所

地址：266000 山东省青岛市福州南路62号

授权公告日：2019年04月16日　　授权公告号：CN 107676058 B

国家知识产权局依照中华人民共和国专利法进行审查，决定授予专利权，颁发发明专利证书并在专利登记簿上予以登记。专利权自授权公告之日起生效。专利权期限为二十年，自申请日起算。

专利证书记载专利权登记时的法律状况。专利权的转移、质押、无效、终止、恢复和专利权人的姓名或名称、国籍、地址变更等事项记载在专利登记簿上。

局长
申长雨

2019年04月16日

第1页（共2页）

一砂一世界，冰中藏玄机！几粒泥砂让我们在探索可燃冰历程中付出了巨大的代价，也吸引了越来越多的科学家加入到泥砂防控研究的行列中来。不同的可燃冰开采控砂装备和技术就像一个个威严的“卫士”，守护着可燃冰开采井筒中的设备免受侵害，从而延长了可燃冰开采的周期。

相信随着科学技术的不断进步,越来越多的采冰卫士将被科学家研发出来,出砂对可燃冰开采的不利影响终会得到圆满解决,甚至“化腐朽为神奇”,将泥砂产出变成有利因素。总之,一切皆有可能,未来的研究路上,期待更多年轻的朋友加入这个行列,为我国早日实现海域可燃冰产业化开采添砖加瓦!

7 多事之冰

同学们，中国有句谚语叫作“水能载舟，亦能覆舟”，说的就是任何东西都有两面性，如果善加利用，就可以造福人民；利用不好，可能会带来很大的麻烦。可燃冰将这种特征发挥的淋漓尽致。它既是一种潜力巨大的能源矿产，也是造成很多地质灾害的罪魁祸首。可燃冰搞出来的破坏可以用“骇人听闻”来形容了，基本覆盖了“海陆空”全方位。大家一定很好奇吧，那咱们就一起来了解一下这块“多事之冰”。

可燃冰与海底滑坡

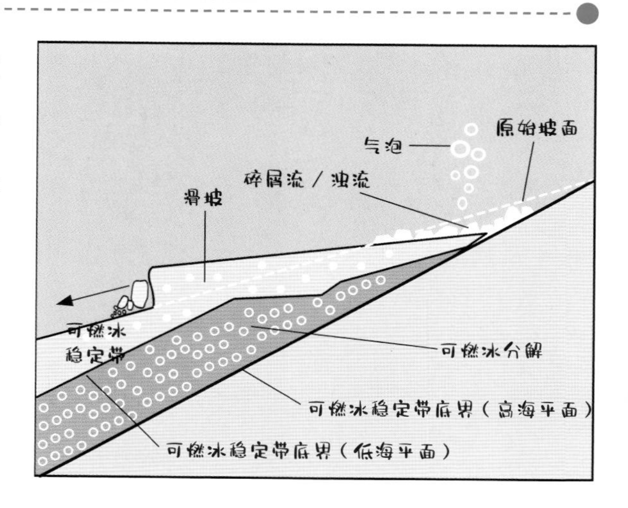

可燃冰大多在海底一定深度沿地形起伏呈条带状分布，就像我们用两个手掌夹着一块冰，冰块本身就光滑，而且特别容易融化，很容易让两只手打滑。海底两套夹着可燃冰的地层如果发生滑动，就变成了海底滑坡。因

可燃冰分解引发海底滑坡最著名的例子是挪威海岸的 Storegga 滑坡体，这是目前发现的最大的海底滑坡体之一，其范围从挪威西海岸一直延伸至冰岛南部，长达 800 km。对非洲沿岸、加利福尼亚北部沿岸、南美亚马逊河冲积扇、新西兰、日本海南部和地中海东部等地滑坡体的研究也都表明，可燃冰的分解是引发海底滑坡的原因之一。

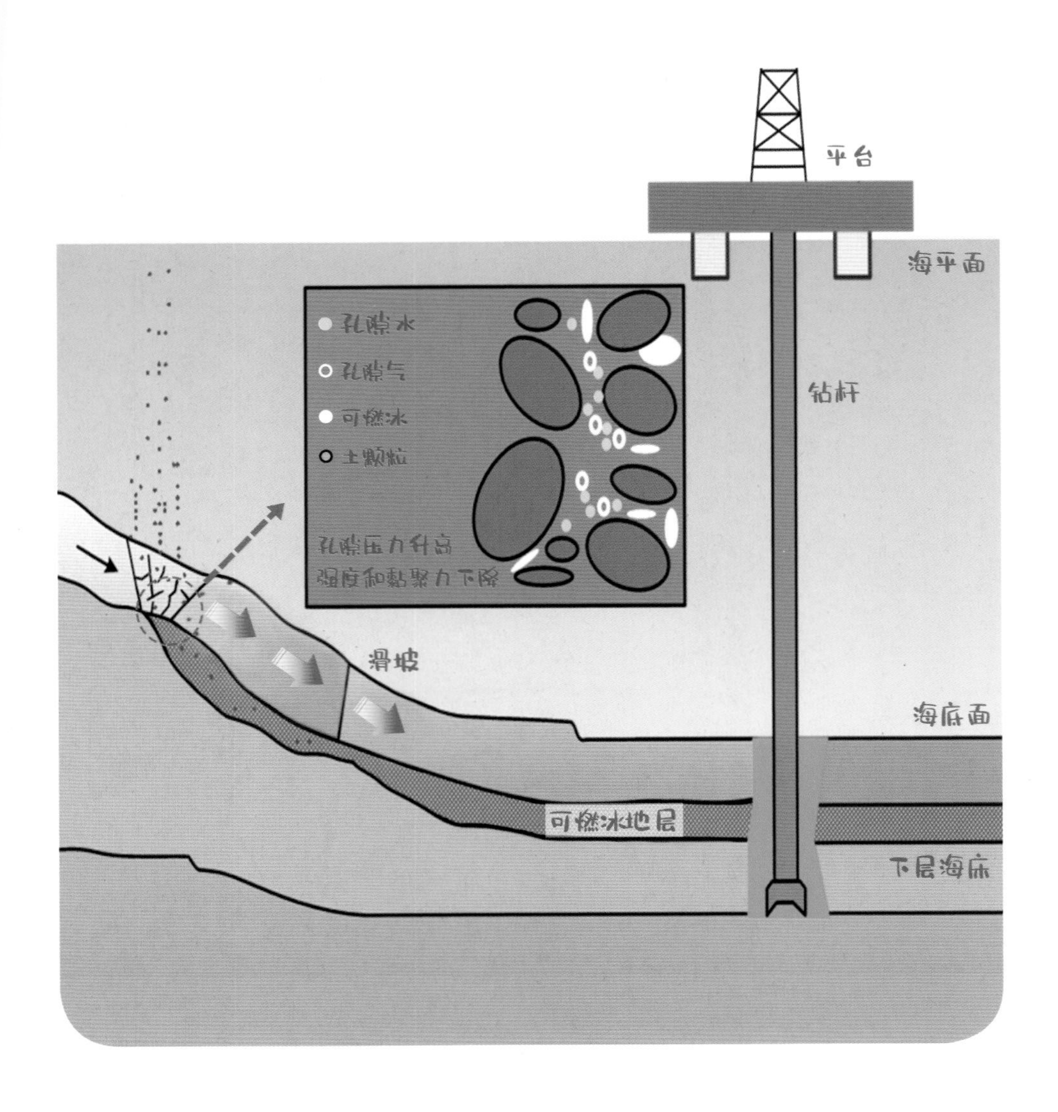

可燃冰影响人类对深海的开发

可燃冰对地层稳定性的影响，也严重干扰了人类对深海油气资源的开发。深水油气田开采过程和我们陆地建造楼房一样，需要一个稳定的地基。不然海底各种大型设备以及钻井安装的各类装置都将面临垮塌倾覆的风险。在这方面，人类已经有过不少惨痛的教训，造成了不可挽回的生命和财产损失。

2010 年 4 月 20 日，美国墨西哥湾“深水地平线”钻井平台发生爆炸，造成了重大的人员伤亡和漏油事故。500 万桶泄漏的原油造成了墨西哥湾海域前所未有的环境灾难，保守估计损失在 200 亿美元。调查结果表明，爆炸事故是由于大量海底可燃冰分解产生的甲烷气泡剧烈喷发所致，而这与施工过程操作不当导致可燃冰分解有密切关系。

深水钻井过程中的可燃冰风险控制难度虽然很大，但是通过工程师们的努力钻研，还是能够克服的。然而，大自然中还有

很多人类难以掌控的因素诱发着可燃冰灾害。在地球漫长的演化过程中，时常伴有全球变暖、海底地震和火山爆发等现象，这些活动极有可能引发可燃冰的大面积分解。例如，西地中海的 Balearic 深海大平原的巨型浊流层，它发生于距今约 2 万年前，有证据表明这是由海平面下降造成可燃冰分解的结果。

可燃冰分解能不能导致全球变暖？

可燃冰分解会释放出大量天然气，这些温室气体从海底涌出释放的过程，又会引发一系列更严重的连锁灾难。

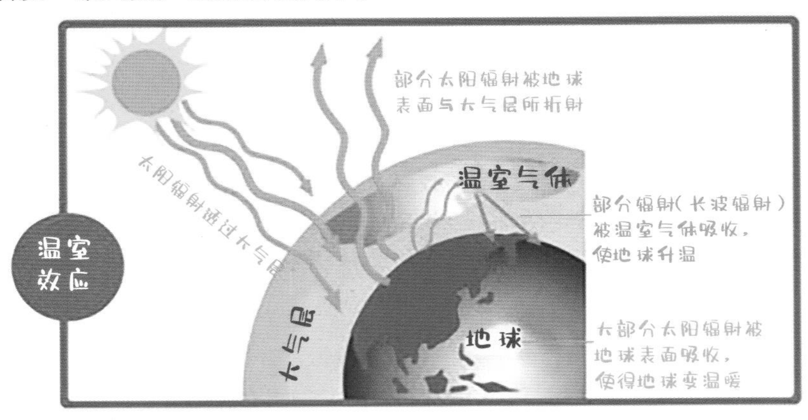

大多时候，我们提起温室气体，首先想到的是二氧化碳。这是因为人类工业活动排放了大量二氧化碳，对地球环境造成了严重的影响。可燃冰

知识点一

温室气体是指大气中能吸收地面反射的长波辐射，并重新发射辐射的一些气体。它们的作用是使地球表面变得更暖，类似于温室截留太阳辐射，并加热温室内空气的作用。这种温室气体使地球变得更温暖的现象称为“温室效应”。水汽（H_2O）、二氧化碳（CO_2）、氧化亚氮（N_2O）、氟利昂、甲烷（CH_4）等是地球大气中主要的温室气体。

分解主要释放甲烷气体，殊不知，以单位分子数计算，甲烷的温室效应比二氧化碳高出约25倍。大量甲烷气体进入大气层，将引发比二氧化碳更严重的温室效应。是不是很可怕呢？

可燃冰可能是很多未解之谜的元凶

自然界中很多未解之谜，也可能与可燃冰有关。比如，发生于距今约2.5亿年前的二叠纪末期的生物大灭绝。这次事件造成了超过90%的地球生物灭绝，其中包括96%的海洋生物和70%的陆地脊椎动物。有一种猜想是，发生灾难的时候全球气温明显上升，温室效应非常严重，且当时的地球有大量可燃冰在浅海地层中。因此，很有可能是可燃冰分解产生的温室气体造成了全球升温，进而导致生物的大量灭绝。

再比如，我们常说的百慕大魔鬼三角神秘事件。地处北美佛罗里达半岛东南部的百慕大三角，发生了很多难以解释的怪事情，比如飞机失联、轮船消失。不仅引起了科学家们的长期关注，还成为很多科幻电影的题材。到目前为止，人类也没有彻底搞清楚其中的原因。我们不妨大胆地猜想一下，这也有可能是可燃冰作怪的结果。英国地质学家、利兹大学的克雷奈尔教授曾说："造成百慕大异常现象的元凶是海底可燃冰。"如果海底可燃冰因为失稳，释放出的大量气体就会溢出海面，形成漩涡或者降低海水和大气的密度，对经过的船只、飞机造成巨大的干扰，最终导致悲剧发生。

可燃冰引发地层塌陷，形成天坑

你知道吗？可燃冰可不仅仅在海里作乱，陆地冻土区的可燃冰失稳分解，也能引发怪异的现象。看看西伯利亚的天坑！2014 年 7 月 23 日，在俄罗斯西伯利亚的亚马尔半岛发现一个足足 80 m 宽、深不见底的巨型大坑。俄罗斯《共青团真理报》报道，天坑如此之大，可以轻松装下几个 8 m 长的直升机，因此这也被称作"末日天坑"。科学家们发现，天坑洞口边缘呈黑色，像是被剧烈燃烧之后形成的，燃烧的原因可能是地下甲烷气体爆炸。美国地球物理学家罗曼诺

夫斯基认为,天坑的出现可能与可燃冰分解有关。全球变暖导致西伯利亚的冻土层温度升高,使得埋藏在下面的可燃冰发生分解,产生大量的甲烷气体而爆炸。

别担心,我们可以控制住这个“魔鬼”

说到这里,你是不是觉得可燃冰是个魔鬼,特别可怕,随时有引发世界末日的可能呢?其实,我们还是把心放到肚子里,安心地生活学习。只有当全球环境发生大规模剧烈变化的时候,才有可能引发可燃冰灾难。人类日常活动以及对海底矿产开发,只会在小范围内造成影响,风险是可以控制的。而一些地方出现比较温和的可燃冰分解,会与周围环境形成动态平衡,发育出独特的生物系统,并不会对环境造成毁灭性影响。

可燃冰也是深海"绿洲"的源动力

在海底深处，生活着许多细菌，由于常年在缺少氧气和光合作用的黑暗环境里生存，物竞天择的进化造就了它们特殊的生存方式——依靠厌氧氧化作用维持生命，它们被称作古细菌。古细菌包含很多种类，包括极端嗜热菌、极端嗜盐菌、极端嗜酸菌、极端嗜碱菌等。其中有一类细菌的生命活动就依靠甲烷气体，它们通过直接或间接的方式消耗海水中的甲烷。所以，可燃冰分解释放的甲烷等气体进入海水以后，要经历一系列细菌和微生物的消耗，最终只有少部分能够成功逸出海面。

除了上面提到的细菌活动，可燃冰对海洋生态系统也有很大的影响。同学们听过“一鲸落，万物生”吗？如果海洋中有一头鲸鱼死去，它的尸体可以供养一个生物群落，影响的时间可以长达百年。一头鲸鱼的影响力已经如此之大，更何况分布广泛、储量巨大的可燃冰。

可燃冰释放的甲烷气体，给深海生物提供补给，形成独特的深海“绿洲”。我们在第四章提到，海底冷泉是探寻可燃冰的重要标志之一，在冷泉附近发育着特殊的生物群，常见的有管状蠕虫、双壳类、腹足类和微生物菌等。这些厌氧生物因为可燃冰的滋养而生长壮大。不过，甲烷从海底向上运移的过程中，也会经过有氧地带并发生好氧氧化作用，这将大量消耗海水中的氧气，产生二氧化碳，从而引起好氧生物群落的枯萎。因此，不能简单地评价可燃冰对海底生态环境的影响，它在不同的时间地点会产生不一样的结果。

8　海地医者

前面我们曾介绍过，可燃冰探测就像中西医结合给病人看病，可燃冰探测的最终目标是认识可燃冰地层的基本性质，为可燃冰开发利用提供基本的支撑。但是，海洋科学考察的花费巨大，好比我们进入了贵族医院，每天大把的银子往海里“扔”，心疼啊！

研发专用“医疗器械”，建立可燃冰“平民医院”

于是，我们必须建立研究可燃冰的“平民医院”——可燃冰实验室。所谓“工欲善其事，必先利其器”，要开展可燃冰研究，首先必须要有过硬的科研仪器。这些科研仪器就像科学家的

眼睛，帮助我们不断去认识未知、探索未知。而科研仪器研究可燃冰的主要方法有两种，一种是将野外钻探获得的可燃冰样品进行室内研究，但由于钻探取芯的成本极其高昂，这种机会是极少的。另一种是通过人工控制可燃冰生成的高压低温环境，将天然气和水在一定条件下混合，然后经过“漫长”的等待，使天然气和水结合形成可燃冰，然后研究可燃冰的各种性质。目前，实验室可燃冰研究工作 95% 以上是采用室内人工合成的可燃冰进行的。

在青岛海洋地质研究所可燃冰研究实验室里，挤满了大大小小的可燃冰研究专用“医疗器械”，经过二十多年的积累和发展，这里拥有各类可燃冰科研仪器 50 余台(套)，这些科研仪器是可燃冰基础研究的重要手段。

那为什么要这么多设备呢？这是因为：不可能存在一种能够揭示可燃冰全部性质的“万能型”设备，每一种“医疗器械”都有其特定的功能，只有将这些科研仪器融合应用，形成系统工程，才能发挥最大作用。根据科研仪器的功能差异，可燃冰实验室中的“医疗器械”可以划分为可燃冰实验测试类装置、可燃冰储层物性模拟类装置和可燃冰过程模拟类装置。

其中可燃冰实验测试类装置的主要研究对象是可燃冰本身，大部分为微细观探测设备，如可燃冰 X 射线衍射测试装置、固体核磁共振测试装置、激光拉曼光谱测试装置、可燃冰气体组份同位素质谱仪 / 色谱仪；也有部分实验测试装

置的研究对象是可燃冰与它的赋存母体（即沉积物介质）之间的接触关系，如可燃冰低温扫描电镜、核磁成像探测装置、计算机断层扫描装置、低场核磁共振测试装置等，每一台（套）测试装备必须配套形成完整的可燃冰探测技术方法，技术方法与硬件装备的完美结合能实现对可燃冰特征的无死角表征。对可燃冰本身及其与赋存它的母体之间相互关系的表征也是与可燃冰相关的一切科学研究的前提和基础。

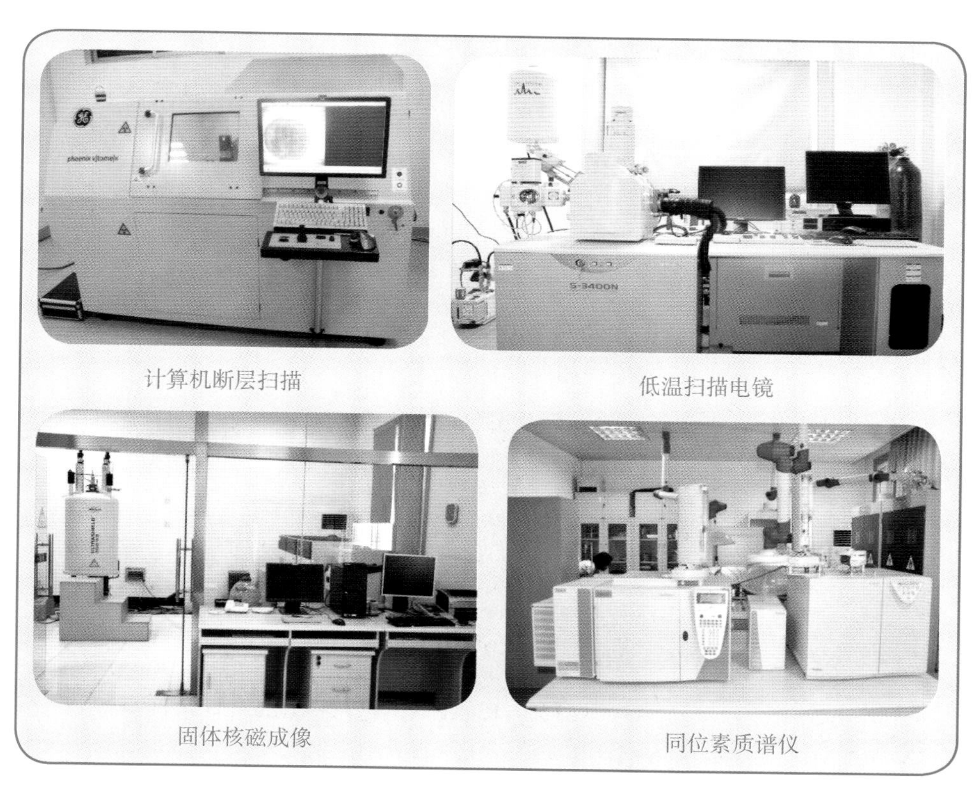

计算机断层扫描　　低温扫描电镜

固体核磁成像　　同位素质谱仪

通过前面的讲解我们知道了，无论是寻找可燃冰、开发可燃冰，还是研究可燃冰对海底地质灾害的影响，都必须先充分认识可燃冰储层的基本性质。可燃冰的存在对储层基础物性的影响包括但不限于对储层声学响应特征的影响、电学响应特征的影响、地球化学特征的影响、热学特征的影响、力学性质的影响、流体流通能力的影响等。科研人员正是利用可燃冰存在时地层的声学响应特征、电学响应特征、地球化学特征等的差异，建立了寻找可燃冰的方法，发展了寻找可燃冰的现场应用技术（具体请参考本书第四章）。可燃冰储层的传热特征决定了可燃冰注热开采的可行性；可燃冰储层的力学性质决定了可燃冰开采工程中工程地质灾害发生的可能性；而可燃冰储层的流体流通能力则决定能否从可燃冰储层中高效开采出天然气。

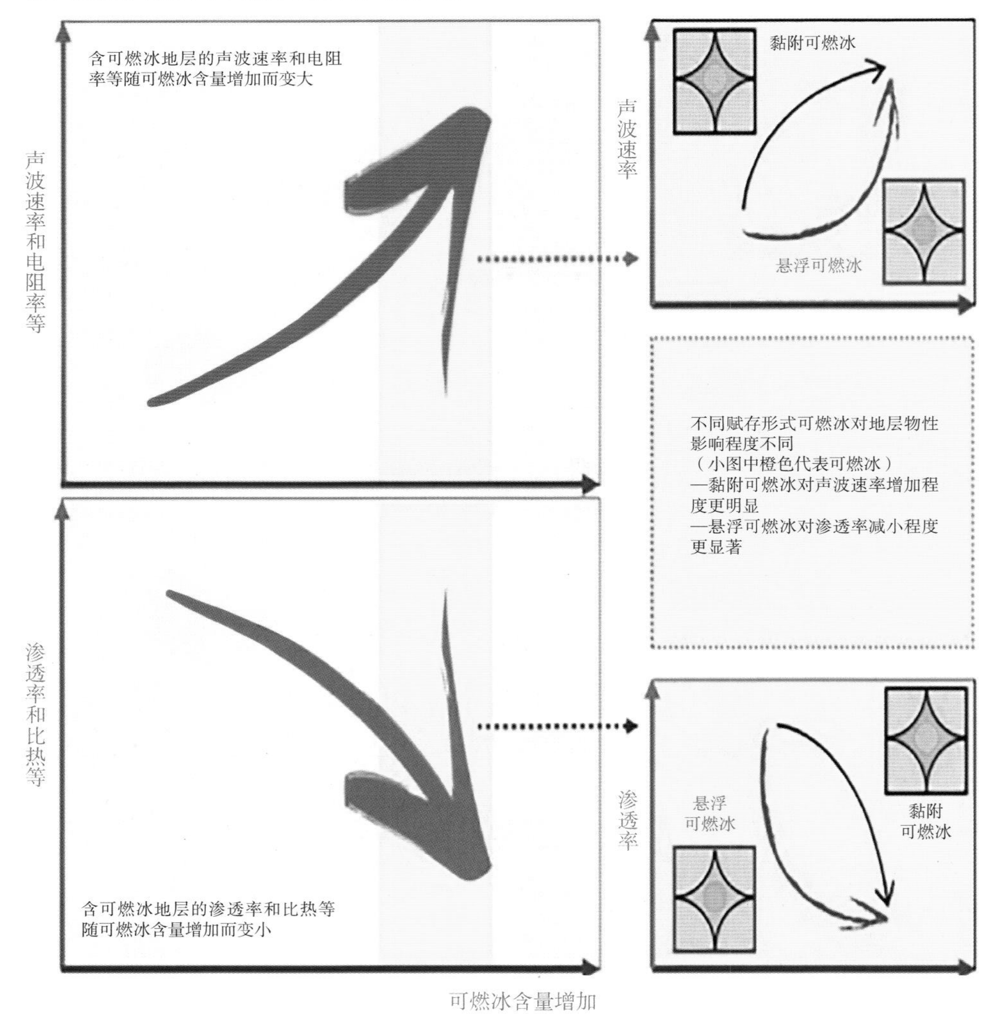

因此，可燃冰存在引起的地层声、电、力、热、地化、渗流性质的差异是可燃冰勘探开发事业的基础，也是可燃冰研究的重要学科分支。目前，我们已经建立和发展的可燃冰基础物性模拟实验装置，如可燃冰沉积物声学响应特征模拟系统、可燃冰沉积物电阻率测试系统、可燃冰储层声电一体化测试装置、可燃冰地球化学响应特征模拟系统、可燃冰沉积物三轴剪切测试模拟装置、可燃冰储层绝对渗透率测量装置、可燃冰储层静力触探响应特征模拟装置等。这些仪器为摸清可燃冰地层的"脾气"提供了基本的保障。

当然，随着科学技术的发展，对可燃冰地层基础物性的模拟已经不满足于仅仅掌握规律，揭示机理才是可燃冰室内研究的终极目标，而揭示机理则离不开前面所讲的大型微观探测装备。因此，必须研发一系列的能够将可燃冰储层基础物性探测技术和微观可视化探测技术相结合的新技术新方法。比如，我们近年来发展的可燃冰沉积物声学-CT一体化探测装置、可燃冰沉积物电阻率-CT一体化探测装置、可燃冰沉积物三轴剪切-CT一体化探测装置等。可以预见，随着需求的不断深入和技术的不断发展，多种监测手段的联合应用将成为可燃冰研究的必然发展趋势。

含水合物沉积物速度剖面实验装置

水合物力学特性模拟实验装置

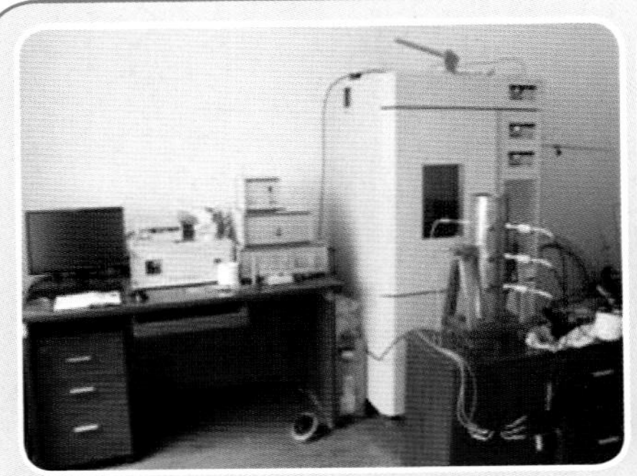

水合物电学特性模拟实验装置

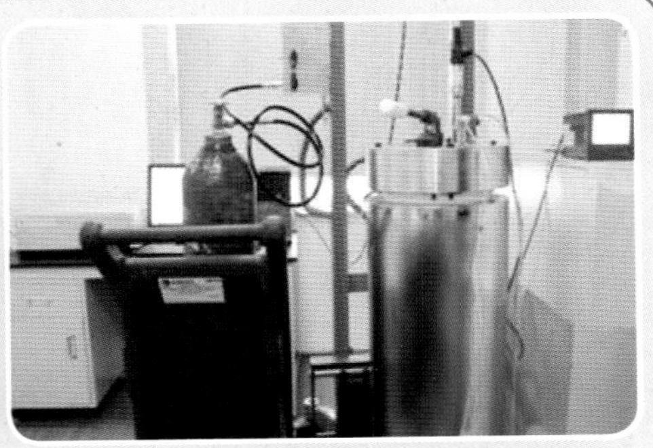

水合物地球化学参数原位探测装置

水合物渗透模拟实验装置

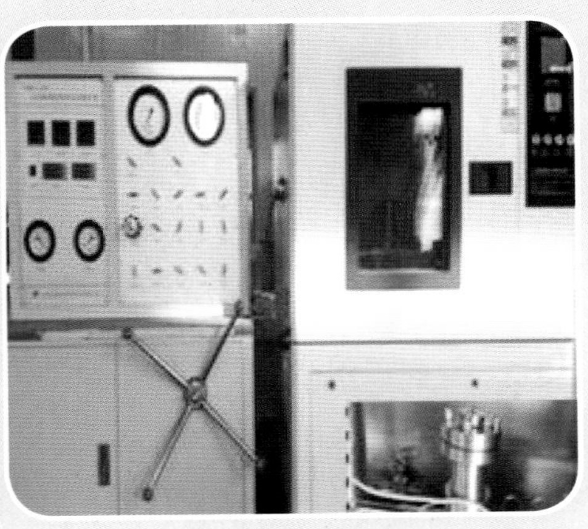

热物性测量装置

CT 扫描适用力学三轴装置

声电联合实验装置

所谓可燃冰过程类模拟装置，主要是指那些能够反映可燃冰在地层中的形成过程、开采过程及其“并发症”分析的实验系统。如可燃冰开采井筒过程仿真系统、海域可燃冰开采过程电阻率层析成像探测系统、海底可燃冰甲烷渗透过程模拟实验系统、可燃冰钻采一体化模拟实验系统、可燃冰多分支井开采模拟系统等。当然，可燃冰过程类模拟实验装置不能完全与基础物性模拟类实验装置割裂来看。目前，我们发展的大部分可燃冰储层基础物性模拟实验装置都能做到可燃冰的原位合成、原位测试分析，因此严格来讲，可燃冰基础物性研究也可以用来探讨可燃冰合成—分解过程信息的探测和分析。

众多的可燃冰研究装置构成了可燃冰医院的主体硬件，这么多装置实在让人眼花缭乱。这里我们就仅带大家初步认识其中的代表吧！

首先想给大家介绍的代表就是海洋可燃冰钻采一体化模拟实验系统。这是一个标准的“大胖子”，这个“大胖子”是青岛海洋地质研究所于2017年建成的，是可燃冰研究大科学装置的重要组成部分。它的主体部分（即高压反应釜）内部尺寸为ϕ 750 mm × 1 180 mm，内部容积为521 L，系统的工作压力为300个大气压，科研人员在实验过程中发现，如此巨大的反应釜合成可燃冰可真不是一件容易的事情。在当前技术条件下，完成一轮实验模拟至少需要50天的时间，这还不包括实验过程中可能存在的仪器故障调试和维修等工作。既然工作效率如此低下，那么我们为什么还要坚持用这么大的仪器开展研究呢？

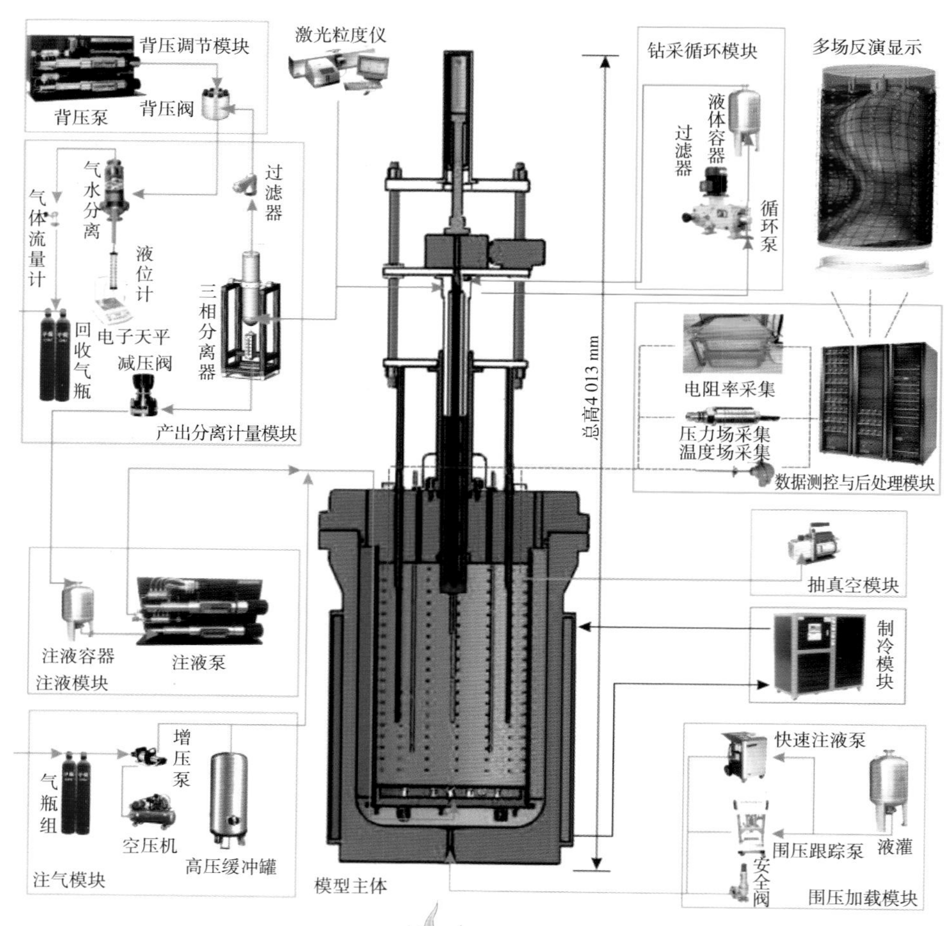

实际上，为了使室内基础研究成果能够更有力地指导现场实践，室内实验研究必须尽可能详细或相似地模拟野外真实的可燃冰生存环境。实际上，所有的室内实验研究都受到边界效应的魔

知识点一

实际油、气藏中，在生产井或注水井的附近往往存在着各种边界（如等势边界和不渗透边界），这些边界的存在对渗流场的等势线分布、流线分布和井产量等都会产生影响，通常将这种影响称为边界效应。

究，特别是对可燃冰过程类模拟实验来说，合成的可燃冰量越多，制备的可燃冰储层样品越大，过程模拟体现出的边界效应就越小，模拟结果就越能反映现场的真实情况。因此尽管大设备的实验研究效率非常低，但是研究成果更具备仿真意义。

除了上面介绍的海洋可燃冰钻采一体化模拟实验系统，目前国内外仿真尺度（反应釜主体容积≥200 L）的可燃冰模拟系统还包括德国LARS系统（2011年建设，反应釜腔体425 L、沉积物夹套容积210 L，耐压25M Pa）、日本HiGUMA系统（2014年建设，反应釜腔体1 710 L、沉积物夹套容积810 L，耐压15 MPa）、西南石油大学固态流化开采模拟系统（2017年建设，反应釜腔体1 062 L，未设沉积物夹套，耐压12 MPa）等。

总之，用于可燃冰探索的科研仪器的用途决定了其本身的尺寸。上面介绍的这些科研仪器研究尺度最小的是微米级，最大的是米级，很多设备的主体可燃冰样品制备腔体处于厘米级尺度，这就构成了可燃冰研究微纳尺度（nm～μm）、介观尺度（mm～cm）、仿真尺度（dm～m）的多尺度研究手段，这些技术都是可燃冰研究的利器。

伟大源自积累，几代人的努力

当然，建立如此种类齐全的可燃冰研究平台，可不是一蹴而就的，这一过程历经艰辛，是好几代人慢慢积累的结果。实际上，青岛海洋地质研究所可燃冰研究实验室最早筹建于20世纪90年代末。当时，可燃冰在国内是个非常新的概念，且已有的部分研究也仅仅是将可燃冰作为一种造成寒冷地区输气管道堵塞的灾害来研究，国内极少有人将可燃冰与能源挂钩。1998年，原地质矿产部组织召开会议，探讨可燃冰找矿的可行性，青岛海洋地质研究所可燃冰团队的元老——业渝光先生，是其中的专家之一。

之后，青岛海洋地质研究所于2000年正式筹建可燃冰实验室，这是我国第一个从事海洋可燃冰实验模拟研究的实验室。经过两年的努力，2001年11月3日，实验室成功合成人工可燃冰并点燃，这是我国科学家首次人工合成可燃冰实物样品。中央电视台1套《新闻30分》栏目以《我国实验室人工合成提取“可燃冰”获得成功》为题对这一重大成果进行了发布，中央电视台10套《走进科学》栏目对这一历史性的成就进行了30分钟的报道。这是我国可燃冰研究人员和公众首次看到能够燃烧的可燃冰。“星星之火，可以燎原”，中央电视台的报道受到了政府的高度重视，为我国可燃冰调查国家专项的立项奠定了基础，拉开了海洋地学研究界的二十年“冰火岁月”序幕。此后的时间里，在业渝光先生的带领下，科研队伍不断壮大。2012年，原国土资源部正式批复建设部属可燃冰重点实验室——天然气水合物重点实验室，该部级重点实验室于2015年6月通过验收并正式挂牌运行。目前，实验室已经更名为自然资源部天然气水合物重点实验室，实验室主任为我国海域可燃冰调查研究的先驱之一——吴能友研究员。

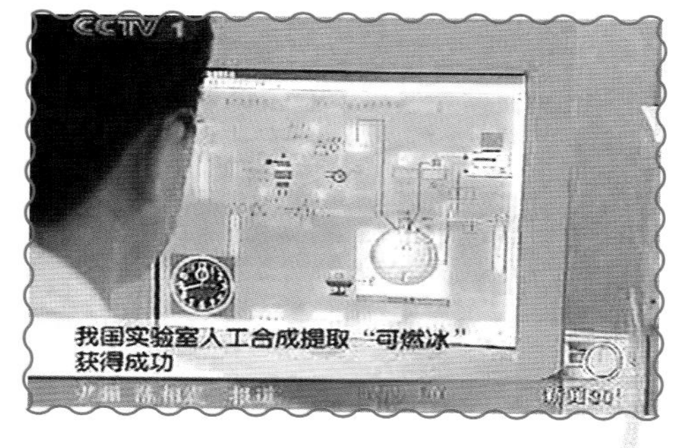

自然资源部天然气水合物重点实验室已经成为国际先进的可燃冰基础研究与应用基础研究平台，在一代代科技工作者的努力下，为国家的可燃冰战略提供了不竭动力。

当然啦，“问渠那得清如许，为有源头活水来”。这么多丰富的科研设备和基础设施平台，需要更多的青年朋友矢志为建设海洋强国而奋斗，勇于做可燃冰研究的“医师”，并脚踏实地，才能为祖国的发展添砖加瓦。

期待更多的青年朋友加入我们！

经过近一年的策划和创作,《冰火之歌——掀开可燃冰的神秘面纱》终于要与读者见面了。此时此刻,作者回望整个策划和创作过程,又是一番别致的趣味。

对于长期从事科学研究工作的我们而言,撰写“八股文”式的科技论文是我们的拿手绝活。科技论文是对某个科学领域中的现象或问题进行研究后表述科学研究成果的理论文章,是科学家们展示科研成果、交流学术思想的工具。科技论文推理严谨、逻辑严密、数据准确、描述客观、专业用语多,它理性、科学、专业的特征,也决定了它枯燥乏味、缺少“温度”,无法被普通读者所理解。科普创作正好相反,必须深入浅出,把复杂深奥的科学问题用通俗易懂的语言讲出来,使普通读者能够理解科学家们钻研的问题。既要有理,又要有趣;既要科学,又要生动。因此,在本书策划初期,摆在我们面前的首要难题是:科普图书究竟是讲故事,还是讲知识?

在中国石油大学出版社的建议下,作者采用故事性叙述、知识点讲解、漫画引导相结合的手段,试图将深奥的可燃冰知识与日常司空见惯的生活现象联系起来。尽管书中的一些比拟在严格意义上是存在瑕疵的,甚至随着科学的发展,可能会发现目前认为合理的比拟实际却存在偏颇。但在目前状态下,抓住小读者的好奇心理,删繁就简,也不失为一种良方。

另外,作者也深感科研成果的学术表达和科普化表达之间明显的天花板效应:越是深入到科学研究的细节,科普化的难度越大。比如,出砂本身是目前可燃冰开发最头疼的工程问题之一,但是出砂研究的专业性又非常强,那么如何让读者对这种看起来“与我无关”的知识感兴趣呢?我们想了很多词汇,比如“马路杀手”,站在可燃冰开采的角度,出砂会导致井底设备失效,“马路杀手”能准确地反映出砂现象对开采的影响。然而,第一稿写成之后,作者团队反复斟酌,觉得应该向同学们传递正能量,“马路杀手”显然不是正能量词汇。于是,我们换位思考,站在井底出砂防控措施的角度,将控砂措施想象成“采冰卫士”,树立一个正面的形象。

在本书的创作过程中还有很多从反面走向正面的例子,比如第一稿撰写的时候,我们将可燃冰的形成比喻为天然气分子被水分子形成的笼子束缚,但与其将水分子与天然气分子结合形成可燃冰的故事说成是天然气分子被水分子形成的笼子“囚禁”,还不如说两者暗生情愫、自愿结合,如此更能够将科普做得“有温度”,更有利于让小读者感受到这份来自深海的“正能量”。

科学是非常严谨的,但是就科普工作而言,过于严谨则显得非常乏味。于是在本书写作过程中,哪些地方该加知识点,哪些知识点是可以省略而换成口语化方法表述的,我们在这些具体的细节处理上徘徊很久。最后,我们坚持的原则是:以培养小读者的科学兴趣为主,放弃大篇幅的知识点解释。

科普图书是科学知识的重要载体,本书创作的初衷是:传递科学知识的同时,引起小读者的共鸣,吸引小读者的兴趣,在小读者的心灵中埋下一颗科学探索的种子,长大后自愿投身到海洋强国建设的洪流中。因此,本书也提出了一些“未解之谜”,希望小读者能够独立思考,提出自己的解决方案。

可燃冰作为未来潜在的替代能源,是当今的研究热点,随着可燃冰科技工作者队伍的不断壮大,相信可燃冰从钻台到灶台的进程会逐步加速。尽管如此,我们必须正确理解可燃冰的发展现状,目前人类对可燃冰的研究水平还远远达不到灶台应用的程度，还有很多基础科学问题没有得到很好的解决，本书也难以做到面面俱到，因此对可燃冰知识的讲述难免以偏概全，不得不说是一种缺憾。

如果您在阅读中产生任何与可燃冰相关的疑问，欢迎与自然资源部天然气水合物重点实验室联系，也欢迎全国的中小学生、大学生到青岛海洋地质研究所参观、学习、交流。

电子邮箱：ylli@qnlm.ac

作　者

2020 年 11 月